给更多孩子带来天文启蒙是
我的使命。

天文启蒙

揭开宇宙的奥秘 I

冯克东 著

天津出版传媒集团

天津科技翻译出版有限公司

01

图书在版编目(CIP)数据

天文启蒙：揭开宇宙的奥秘．Ⅰ／冯克东著．

天津：天津科技翻译出版有限公司，2024. 11. —— ISBN 978-7-5433-4538-6

Ⅰ．P159-49

中国国家版本馆CIP数据核字第2024UE7500号

天文启蒙:揭开宇宙的奥秘Ⅰ

TIANWEN QIMENG : JIEKAI YUZHOU DE AOMI Ⅰ

出　　版:天津科技翻译出版有限公司

出 版 人:方　艳

地　　址:天津市南开区白堤路244号

邮政编码:300192

电　　话:(022)87894896

传　　真:(022)87893237

网　　址:www.tsttpc.com

印　　刷:崇阳文昌印务股份有限公司

发　　行:全国新华书店

版本记录:710mm×1000mm　16开本　13.25印张　254千字

　　　　　2024年11月第1版　2024年11月第1次印刷

　　　　　定价:98.00元

(如发现印装问题,可与出版社调换)

☆ 作者简介 ☆

　　冯克东，抖音最受青少年和家长喜爱认可的百万粉丝科普博主之一；西瓜视频、今日头条优质科学领域创作者；海豚知道特邀天文启蒙老师。

　　通过其自媒体"科学也疯狂"讲述的作品播放总量超10亿次，天文科普直播累计观看超1亿人次。多次受邀到幼儿园、小学讲授天文启蒙课程，为数千名青少年举办过天文科普讲座，其专业性和亲和力受到众多青少年和家长的喜爱与认可。作者致力于让更多孩子接触到学校、家里没有的天文启蒙。

☆ 获取更多知识 ☆

抖音搜索"科学也疯狂"或扫描下方二维码，探索更多天文宇宙的奥秘。

☆ 来自童心的宇宙谜题 I ☆

1. 黑洞的尽头是什么？————————————————————— 傅敬骁，7 岁，来自山东

2. 宇宙大爆炸，为什么要爆炸？

    这爆炸的东西是谁放那里的？————————————————— 一　琳，6 岁，来自广东

3. 宇宙本身是一个生命体吗？————————————————— 沈渲淇，10 岁，来自广东

4. 如果银河系中心的黑洞坍缩了会发生什么？————————— 李宗恩，11 岁，来自新疆

5. 宇宙的外面是另一个宇宙吗？————————————————— 闹　闹，7 岁，来自山西

6. 天空为什么是蓝色的？————————————————————— 李婉柠，4 岁，来自广东

7. 中国空间站和宇航服为什么都是白色的？————————— 冯湘哲，8 岁，来自山东

8. 黑洞可以吞噬一切，但它吞噬的东西都去哪里了？———— 刘宇帆，12 岁，来自湖南

9. 星系与星系的碰撞是意味着新的诞生还是死亡，渺小的人类该何去何从？

    是勇敢走向星际旅行还是宅在地球？———————————— 曾牧晨，6 岁，来自四川

10. 太阳系在银河系飞来飞去，

    不会被其他大质量天体影响吗？————————————————— 高宇平，10 岁，来自福建

11. 宇宙有多少个星球？————————————————————————— 余炳成，8 岁，来自湖北

12. 为什么宇宙的夜空是黑的？——————————————————— 周　易，18 岁，来自江西

13. 暗物质真的存在吗？————————————————————————— 胡蕴贝，14 岁，来自河南

14. 平行宇宙及多维宇宙真实存在吗？——————————————— 唐明浩，12 岁，来自陕西

15. 太阳系共有多少个星球？——————————————————————— 冯彦臻，9 岁，来自山东

天文学是一门既古老又年轻的学科，它的起源可以追溯到人类文明的早期。自古以来，人们就对天空中那些闪烁的星星、神秘的行星、壮丽的星云和遥远的星系充满了好奇和敬畏。近现代，得益于望远镜技术的革新、航天技术的发展，以及计算机、物理学等相关学科的助力，人类对宇宙的认识得到不断的深化和更新。

天文学不仅是一门学科，还是人类探索未知和追求真理的伟大征程，对人类的思维和价值观有着深刻的影响。

天文学，是开启宇宙奥秘之门的钥匙，是引领我们探索无尽星空的灯塔，是激发人类好奇心与求知欲的火焰，更是人类进步发展的重要动力。

当我们仰望那浩渺的苍穹，心中总会涌起无数的疑问与畅想。星星为何闪烁？行星如何运转？宇宙的边界在哪里？宇宙万物从何起源？外星生命真的存在吗？这些问题如同神秘的丝线，牵引着我们不断追寻答案。

《天文启蒙》如同一艘知识的帆船，将带领读者在宇宙的海洋中扬帆起航。它是一座连接平凡与

神奇的桥梁，让我们跨越日常的琐碎，去领略宇宙的浩瀚；它是一把开启智慧之门的钥匙，使我们突破认知的局限，去触碰未知的边界；它更是一束照亮黑暗的光芒，引领我们穿越茫茫的迷雾，去拥抱璀璨的星空。

本套书共两册，在第Ⅰ册中，我们从宏观的宇宙开始，去看看宇宙的大小，了解它的起源和未来，探索黑洞、白洞、虫洞、宇宙空洞、暗物质、暗能量、恒星、中子星、脉冲星、超新星等。接着，我们将进入太阳系星球联盟，逐一探索太阳系八大行星、小行星带、柯伊伯带的秘密。

在第Ⅱ册中，首先，我们去银河系转转，认识一下像章鱼一样的银河系旋臂，了解地球在银河系的位置；接着，去探访银河系的邻居们，它们是仙女座星系、大小麦哲伦星系，还有那些距离地球非常遥远的、暴躁的活动星系；然后，我们将带各位来到人类探索太空的时代，去了解那些背负着使命的太空探测器；最后，通过现代科学的视角，解释了那些神秘的天文现象，并提供了四季夜空的观星指南。

认识宇宙的过程，也是在寻找自我的过程，愿《天文启蒙》成为你踏上宇宙之旅的起点，让你在天文学的广袤天地中自由翱翔，去探索那无尽的奥秘与奇迹。

"少年智则国智，少年强则国强"，衷心希望每一位青少年不只是"关注脚下的事"，更是要做一个"关注浩瀚星空、关注世界和国家未来"的追梦人！

让我们一起打开《天文启蒙》，开启这充满魅力与奇幻的宇宙时空之旅吧！

目录

第1节 什么是宇宙？宇宙有尽头吗？

太阳落山，深蓝色的夜空拉开序幕。当我们抬头仰望星空时，你是惊叹于满天的繁星呢，还是好奇夜空的尽头？无论你抱着怎样的想法去看夜空，最终你都会被它所吸引。

什么是宇宙？宇宙有尽头吗？它究竟有多大？

仰望星空

什么是宇宙？在古代，"宇宙"这两个字是分开解释的。周代金文的"宇"是一座房屋里面一个"干"字，"宇"实际上就是一座房屋的形状和结构。甲骨文的"宙"字是一座房屋里面加一个"由"字，表示房屋靠一根上细下粗的梁顶着。

"宇"和"宙"

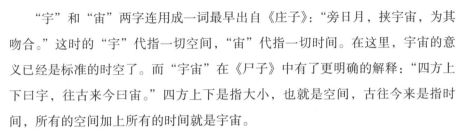

"宇"和"宙"两字连用成一词最早出自《庄子》："旁日月，挟宇宙，为其吻合。"这时的"宇"代指一切空间，"宙"代指一切时间。在这里，宇宙的意义已经是标准的时空了。而"宇宙"在《尸子》中有了更明确的解释："四方上下曰宇，往古来今曰宙。"四方上下是指大小，也就是空间，古往今来是指时间，所有的空间加上所有的时间就是宇宙。

宇宙包括了各种物质以及物质所在的空间和它运动的时间，以及所有万物，比如地球、太阳、太阳系，甚至更遥远的星团和星系。

是不是还是觉得非常抽象或者难以理解？那给大家一个最简单的解释，宇宙是时间、空间及存在

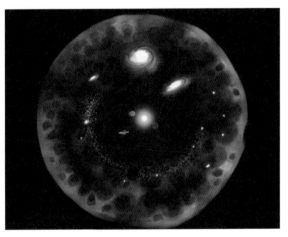

可观测宇宙

于其中物质的总和，它是无边无际的客观存在。

那么宇宙到底有多大呢？在回答这个问题之前，我们先一起来了解一下"光年"。光年是什么？1光年是光一年在真空中沿直线所走的路程长度。请注意，光年是一种距离单位，而不是速度单位或时间单位。真空中光的速度是所发现的自然界物体运动的最大速度，一秒就可走30万千米，也就是说光一秒钟可以绕地球赤道7.5圈。是不是特别快？

目前人类可观测的宇宙最大直径约930亿光年，是指以地球为中心的可观测到宇宙半径约465亿光年。同时，还有另一个非常重要且必须考虑的问题，那就是宇宙并不是静态的，它在不断地膨胀与变化，因此，可观测宇宙半径这个数字也会不断地被改写。注意，这只是人类可观测到的宇宙。

那么整个宇宙有尽头吗？关于这个问题，科学家们也无法给出答案。一些物理学家提出了宇宙的几何形状是闭合的"甜甜圈"，因此认为宇宙是有限的；而另一些学者则相信宇宙是开放的，它会永远膨胀。我们只能在可观测到的宇宙中了解物质与存在的概念。

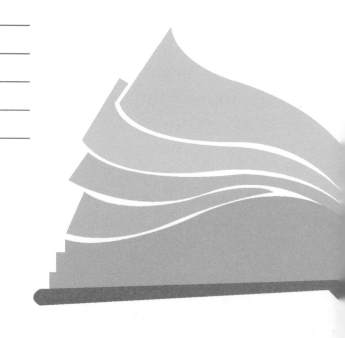

宇宙到底有多大？它到底有没有尽头？随着科学的发展，相信总有一天我们能够在高科技的帮助下，探测到它的边缘。未来属于你们，也许你们就是发现宇宙边缘的人！

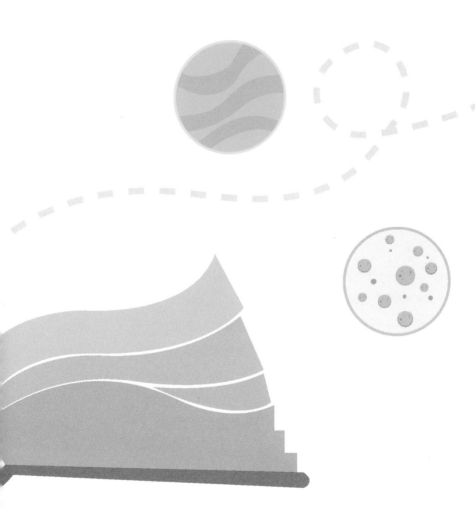

第2节 宇宙的起源——大爆炸

你见过爆竹炸开的情景吗？在无尽的黑暗与寂静中，宇宙如同一个被紧紧束缚的巨大爆竹。在某个瞬间，宇宙核心处一股无法想象的能量被点燃，于是，宇宙如同被点燃引信的爆竹一样迅猛燃烧，强大的能量波向四面八方急速扩张，物质和能量如烟花碎屑般喷薄而出。这就是1927年比利时天文学家和宇宙学家乔治·爱德华·勒梅特提出的"大爆炸宇宙论"。

"大爆炸宇宙论"认为，在很久以前，宇宙的一切都浓缩在一个密度无限大的点上，叫作"奇点"，直到138亿年前，它"砰"

乔治·爱德华·勒梅特
（1894—1966年）

的一声炸开了，炸开的碎片像爆竹碎片那样向四面八方散去，于是便形成了"宇宙"。这里的"宇宙"包含时间和空间的概念，即在爆炸的一瞬间，时间才开始流动，空间才开始形成。宇宙爆炸之后，由于它不断膨胀，导致温度和密度迅速地下降。随着温度的降低、冷却，逐步形成原子、原子核、分子，并复合成为通常的气体。气体逐渐凝聚成星云，星云又进一步形成各种各样的恒星和星系，最终形成我们如今看到的宇宙。而我们的太阳系也可能只是宇宙中的一块碎片而已！

那么宇宙有多大年纪了？

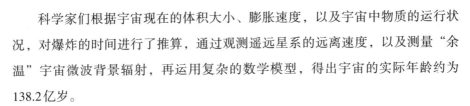

　　科学家们根据宇宙现在的体积大小、膨胀速度，以及宇宙中物质的运行状况，对爆炸的时间进行了推算，通过观测遥远星系的远离速度，以及测量"余温"宇宙微波背景辐射，再运用复杂的数学模型，得出宇宙的实际年龄约为138.2亿岁。

　　实际上，到目前为止，人类能够观测到的宇宙直径大约是930亿光年，不过这并不是宇宙的全部，宇宙一定是比我们想象的还要大。人类至今也没有找到宇宙的边缘，这是因为宇宙一直在不断地膨胀，而且膨胀的速度越来越快，以人类当前的飞行速度，我们是无法飞到宇宙边缘的，毕竟我们连太阳系都还没有飞出去。

爱德文·鲍威尔·哈勃（1889—1953年）

1977年，美国发射的旅行者1号探测器，就是为了探测太阳系外围行星，然而直到现在，旅行者1号和旅行者2号探测器仍在太阳系内飞行着。当然，即使困难重重，人类也不会放弃对宇宙的探索。

1929年，美国著名天文学家爱德文·鲍威尔·哈勃发布的"哈勃定律"证明了宇宙正在膨胀，这表明宇宙自从诞生之日起都没有静止过。

2022年，美国天体物理学家的一项分析，确定了当前宇宙的膨胀率，即哈勃常数为73.4千米/（秒·百万秒差距），即距离每增加326万光年，星系远离地球的速度就加快73.4千米/秒。

　　那如果宇宙不断地膨胀，会发生什么呢？现在科学界有三种主流说法：一是热寂论，随着宇宙的持续膨胀，物质和能量将逐渐稀薄分散，恒星也将逐个熄灭，而且不再有新的恒星形成，所有物质的温度都达到热平衡，任何宏观的物理过程和生命都将会不复存在；二是大撕裂论，宇宙的膨胀速度不断加快，引力无法与之抗衡，甚至连原子和基本粒子都被撕裂，整个宇宙分崩离析；三是永远持续膨胀论，物质和能量的分布虽然越来越稀疏，但不至于出现极端的撕裂或热寂等情况。

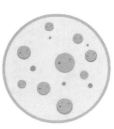

第3节 茫茫宇宙中都有什么？

既然宇宙没有尽头，你肯定很好奇，浩瀚的宇宙中都有什么？

你可能会说，宇宙中除了有太阳、月亮和满天的星星外，还有神奇的黑洞和遥远的星系。对，说得都对。但深邃的宇宙中有比我们想象的还要多的神秘天体。

我们所生活的地球是一颗典型的行星。所谓的行星通常指自身不发光，环绕着恒星运转的，质量足够大，并且形状近似于圆球状的天体。像地球、火星、金星、水星都是岩石构成的，所以它们又被称为岩石行星或类地行星；而像土星、木星、海王星、天王星以气态为主，所以它们又被称为气态巨行星。太阳则是那颗被地球等行星绕着转动的恒星。太阳和地球及其他七颗行星组成了太阳系的主要部分。太阳是离我们最近的恒星，它发光发热，可以给地球提供源源不断的热量，也让我们能在夜空中看到月亮。

太阳系示意图

　　提到月球，不得不说它是地球唯一的天然卫星，虽然我们发射了好多卫星到天上，比如我国的北斗卫星，但人类发射的卫星我们称为人造卫星。当然人造卫星也是宇宙的一部分。

　　刚才说了，太阳和八大行星是太阳系的主要部分，那么哪些是次要部分呢？答案是卫星、彗星、小行星，甚至矮行星，它们与太阳和八大行星共同组成了太阳系。

银河系

当我们把目光投向太阳系以外，我们就会发现，原来还有更多的恒星和星系，太阳系也不过是其中的一个点而已。它们有着美丽的名字和多彩的颜色，恒星燃烧发出耀眼的光芒，让我们能在漆黑的夜空中看到它们。

偷偷告诉你一个小秘密，由于距离的原因，一颗恒星从发出光芒到光到达地球需要一段时间，所以我们看到的恒星，永远都是它的过去时。就像太阳，它的光到达地球需要8分钟。

晴朗的夜晚，当我们抬头仰望星空，会发现一条长长的银河，而银河系正因此而得名。银河系中有1000亿～4000亿颗恒星。而像银河系这样的星系，宇宙中又有上千亿个。这简直令人难以想象。

宇宙是一个"大村落",除了卫星、行星、恒星、星系这些"常住户"以外,还有一些"散户",如星云、黑洞等,它们也是宇宙的村民。星云是由星际空间的气体和尘埃结合成的云雾状天体;黑洞有巨大的引力场,人们只能根据引力作用来推测黑洞的存在,而不能真正地看到黑洞。

此外,宇宙中还有一些神秘的物质,例如暗物质、暗能量。要知道在整个可观测到的宇宙中,暗物质和暗能量占据了95%的宇宙空间呢!

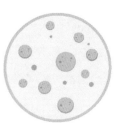

第4节 看不见、摸不着的物质——暗物质

如果给你一罐糖果，你怎样知道里面有多少颗糖呢？最简单的方法当然是把糖果倒出来，一颗一颗地数。现在有一个更科学的办法，那就是用秤称一称糖的总重量，再称一下单颗糖的重量，然后就可以计算出糖果的数量。天文学家就是用相似的方法计算出星系重量的，不过在这个过程中，他们发现了一个不可思议的现象：通过观察星系发光估算出的星系质量，远远小于通过测量星系运动速度计算出来的星系质量，这说明宇宙中有很多物质是看不到的，甚至探测不到的。

而这种我们看不到的物质，大约占了整个宇宙总质能的26.8%，这种物质就是暗物质。

暗物质是相对于可见物质来说的，它无法被人类直接看见或者观测到。

大家知道，可见物质之所以能被看到，是由于在微观的角度下，电子与光子发生作用，然后被我们肉眼看到，或者被各种观测仪器观测到。

但暗物质则恰恰相反，它根本不与光波发生作用，对各种光作用都无动于衷，所以才导致人类既看不见，又测不到，因此科学家们称它们为暗物质。

天平称重

　　可能会有人会问，暗物质既然看不到，也测不到，那么科学家们是怎么知道它的存在呢？这个问题问得太好了。

　　天文学家研究发现，虽然无法直接观测到暗物质，但它会通过其引力间接影响星体的运动和引力场。我们知道，太阳系所有的行星都绕着太阳旋转，距离太阳越远，公转速度越慢。根据引力理论，星系周围的恒星也应遵循这一规律运动才对，但观测结果恰恰相反，它们的公转速度并没有减慢。那么到底是谁在幕后操纵着它们呢？对，就是我们看不到的暗物质！

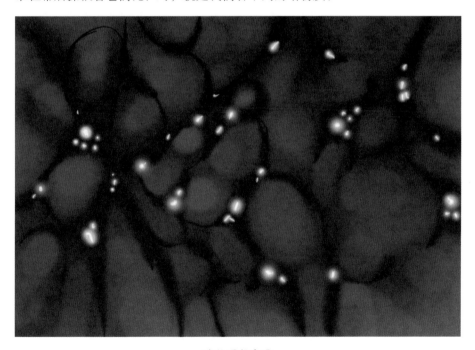

暗物质想象图

这么神秘的暗物质，分布在宇宙的哪些地方呢？它只是在宇宙某些地方聚集成团。至于它们遵循什么样的分布规律，这个就不得而知了。因为据目前观测，暗物质既存在于星系团周围，也存在于看起来什么都没有的空间中。

那么，你一定想知道我们银河系中究竟有没有暗物质吧？科学家们通过各种数据告诉我们，银河系周围的确存在着大量的暗物质，它通过引力让银河系边缘的恒星与银河系内的恒星一样，有序地围绕着银河系中心转动。

　　暗物质虽然看不见、摸不着，但在宇宙中非常重要。它像黏合剂一样，把很多恒星吸引到一起，形成大型星系。如果宇宙中没有暗物质的存在，宇宙就没办法形成星系，也就意味着不会有现在的银河系，更不可能有太阳系和人类的存在了。

　　所以任何物质的存在都有它的合理性，暗物质是这样，我们人类也是这样。每个人都有自己的优点和价值，发扬自己的优点，在自己擅长的领域里就可以获得更高的成就！

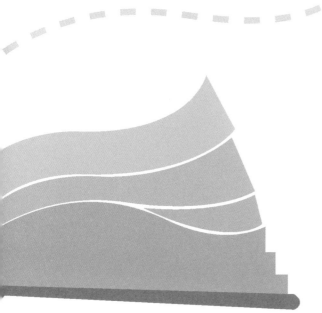

第5节 神奇的能量——暗能量

给你一个气球，如果没有外力去吹它，它是不会变大的。气球与宇宙相似，假设宇宙是一个无限大的气球，而且这个大气球还在不停地变大。那么问题来了，宇宙每天都在加速膨胀，到底是谁在不停地"吹"它，给它力量呢？

科学家们研究发现，是一股强大的、看不见的外力始终在给整个宇宙注入能量，使宇宙在不断地加速变大、膨胀。这个外力就是暗能量，大约占整个宇宙总质能的68%。

比起看不见、摸不着、测不到的暗物质，暗能量则显得更加神秘莫测。毕竟暗物质具有引力效应，它能够给天体施加引力，从而被人类发现。

但关于暗能量，人类甚至一开始都没有意识到它的存在，直到20年前，科学家才真正地认识它。

吹气球的小朋友

可能你会问，既然暗能量看不到、摸不着，那么科学家们是怎么发现的呢？

按常理来说，引力是第一作用力，物体之间是相互吸引的，那么整个宇宙就会相互靠近。但实际上宇宙是在不断膨胀的，这就说明一定有一种力量在影响着宇宙，加速它的膨胀，可是这种力量只能通过计算才能知道它的存在，于是跟暗物质一样，科学家给它命名为暗能量。

千万不要被暗能量的名字欺骗了，暗能量并不是我们传统意义上能发光、发热的能量，而是一种斥力，即排斥的力，是一种强劲到能使整个宇宙都在加速膨胀、让星系彼此远离的斥力。

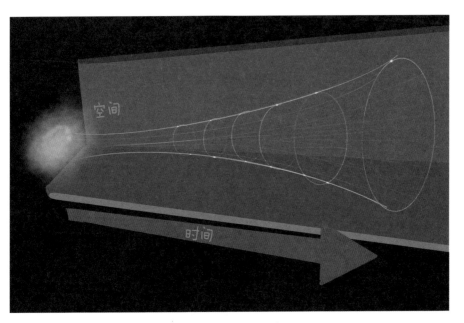

时间流逝和空间膨胀

暗能量在宇宙中占据了大部分空间，它无处不在。跟结团成块的暗物质不同，暗能量是均匀分布在整个宇宙空间中的，不论是在你的家里、太阳系里、银河系的边缘，还是几十亿光年外的星系，暗能量的密度都一样。你是不是感觉很神奇？这种科学家都探测不到的暗能量，居然就在我们的身边。

暗能量的存在改变了我们对宇宙未来命运的预测。如果暗能量的强度保持不变或者继续增强，宇宙可能会永远加速膨胀，星系之间的距离会越来越远，最终导致星系、恒星甚至原子等都被撕裂，这一可能的结局被称为"宇宙大撕裂"。

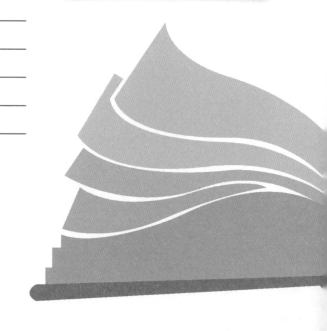

存在即合理，暗能量不但能使整个宇宙加速膨胀，更为重要的是，它似乎还能操控宇宙的"居民"，影响恒星、星系和星系团的演化进程，维持着整个宇宙所有星体的秩序，让它们有序地运动。暗能量就像是宇宙中的红绿灯，它指挥着所有星体，避免发生交通事故。暗能量在整个宇宙中的作用非常重要，甚至可以说无可替代。

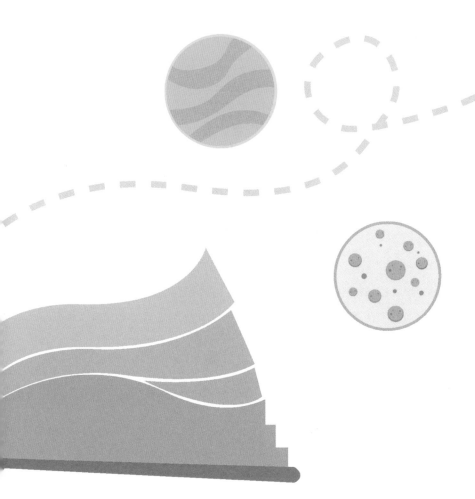

第6节 可怕的宇宙空洞

　　如果你所在的城市，突然有一天，所有建筑都消失了，所有植物都消失了，所有人也都消失了，只剩下你一个人，你会感到害怕吗？当然，在现实生活中，这种情况并不会发生，但在宇宙中是存在的。在数亿光年范围内几乎什么都没有，这就是我们所说的宇宙空洞。

　　宇宙空洞，顾名思义，就是在宇宙中有个非常大的空间，里面只有极少数的星系，甚至没有星系，是空的、虚无的。我们抬头仰望，在繁星点点的夜空，仿佛每一个角落都有着数不清的恒星、行星或其他的星际物质，实

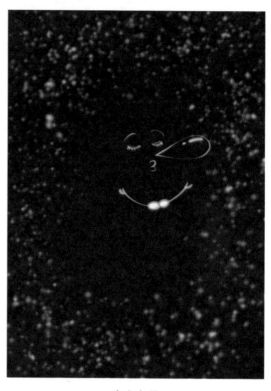

宇宙空洞

际上，近年来科学家们发现，居然存在不少的宇宙空洞。

　　像天文学家发现的波江座超级空洞，它的直径有10亿光年。这是什么概念呢？也就是说它的直径是银河系的1万倍！在波江座的空间里，几乎没有星系、星云或黑洞，甚至没有最神秘的暗物质，10亿光年内几乎空无一物，想象一下，这是一件多么可怕的事情！

　　牧夫座空洞是离地球最近的空洞之一，它的直径达2.5亿光年，内部几乎什么都没有，处于黑暗之中。

　　那么宇宙空洞是怎么形成的呢？科学家解释说，"空洞"的形成可能是因为这一区域的物质被其他引力更大的物质吸走了。然而它真正的成因到现在为止科学家

都没有给出确切的答案。

　　虽然借助望远镜我们可以清楚地看到空洞的存在，但对于它们的成因，我们都只是猜测，其中一种猜测很有趣，说它跟外星文明有关。科学家认为，文明的级别越高，需要的能量就越大，文明想要继续发展，就势必要向外扩张，消耗完星系的能量之后便舍弃这个星系去寻找下一个星系，被舍弃的星系由于没有了能源支持，变成小空洞，小空洞逐渐融合变成大空洞。这就像我们吹出来的小泡泡，集合在一起就变成了一个大泡泡。

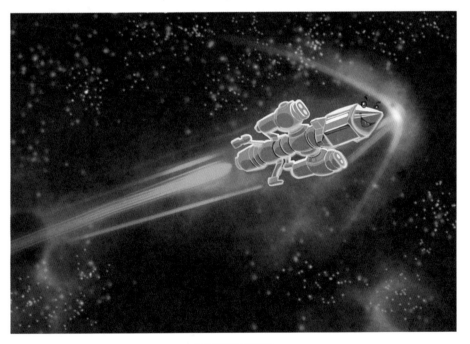

想象的宇宙飞船

宇宙中的空洞非常多，但大多数覆盖范围比较小，而超级空洞的数量并不是很多，想要找到它们真正形成的原因，以我们现在的科技水平是根本办不到的，可能真的要等到可以星际旅行的时候了。

悄悄地告诉你，我们的银河系就位于一个巨大的宇宙空洞内部，这个宇宙空洞叫作 KBC 空洞。而且 KBC 空洞是目前宇宙中已知的最大空洞，它的直径达 20 亿光年。所以这就是为什么我们周围的星系比较少的原因，而且人类迄今为止没有发现任何外星文明，可能也与空洞有关。

在宇宙中，空洞相当于沙漠，而我们生活的地球也不过是沙漠里的一粒沙子，外星人估计也不想到沙漠里寻找一粒沙子吧！不过从另一个角度想，这个无比巨大的空洞是不是冥冥之中在保护着银河系不被外星文明打扰呢？

第7节 什么是恒星？最大的恒星有多大？

每当天气晴朗的夜晚，繁星点点的夜空是不是会引起你无限的好奇与遐想，满天的星星中，除了一小部分是行星外，绝大部分是恒星。那么问题来了，什么是恒星呢？

在古人眼中，恒星是固定不动的，所以给它取名为恒星。但其实恒星也是运动的，只不过古人没有意识到这点而已。

古人观星

恒星是指自己能够发光、发热的天体，太阳就是一颗恒星。其实在浩瀚的宇宙中，太阳只是一颗非常普通的恒星，仅仅在银河系中就有上千亿颗恒星。只因太阳距离我们最近，所以看着才会很大。

人类对恒星的研究由来已久，我们平时所说的十二星座就是科学家们根据恒星在星空中的位置，通过想象制定出来的。同时，因为人们认为恒星是不动的，

所以也用它们来定位方向、创造历法。像我们现在用的时间（年、月、日）都是根据太阳来制定的！

　　我们都知道地球围着太阳转，那么太阳围着什么转呢？太阳属于太阳系，而太阳系又属于银河系，所以太阳是围着银河系的中心旋转的。那你肯定会问了，我怎么感觉不到太阳在转呢？那是因为银河系实在太大了，太阳围银河系转一圈需要2亿多年！虽然我们感觉不到太阳的旋转，但天上的恒星却记录着太阳公转的秘密——星座的位置随着时间的变化也在悄悄地改变着。

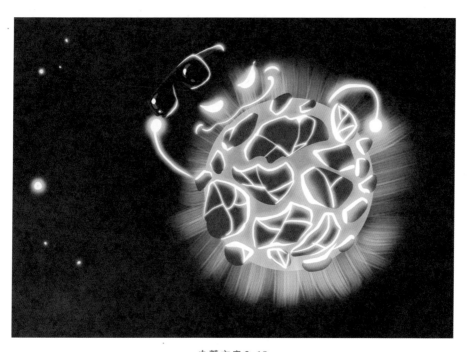

史蒂文森2-18

不知道你有没有注意，夜空中的恒星们，有的亮一些，有的暗一些，那是不是说暗的星星就比亮的星星小呢？不一定！夜空中最亮的恒星——天狼星，它和太阳相比，虽然看上去太阳更大更亮，但实际上，天狼星的体积却是太阳的5倍，这是因为太阳距离我们更近。假如把太阳换成天狼星，那我们地球可能就会被烤化了！

其实在夜空中，我们肉眼能看到的恒星都比太阳要大！这是不是不可思议呢？它们在天空中明明就是一个小点呀！那是因为天上的恒星离我们实在是太远了，远到我们只能看到成为点点的它们。另外，如果这颗恒星不够大、不够亮，它发出的光，也是无法穿过黑暗到达我们的眼睛。

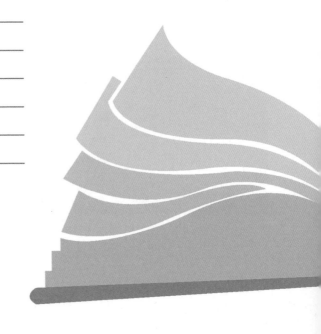

　　你知道最大的恒星有多大吗？随着科技的发展，望远镜的探测距离越来越远，宇宙目前已知体积最大的恒星名叫史蒂文森2-18，这颗恒星距离我们约2万光年，它的直径接近30亿千米，体积相当于100亿个太阳。史蒂文森2-18虽然体积很大，但它却是个虚胖子！

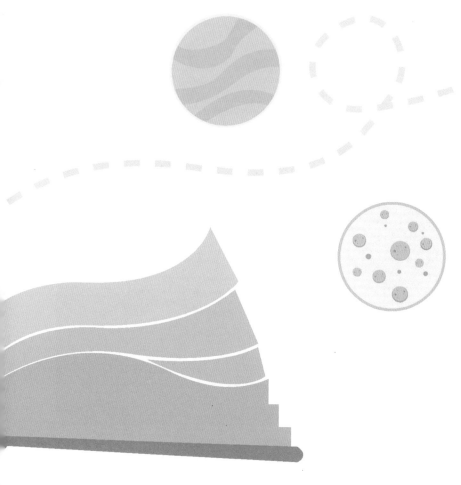

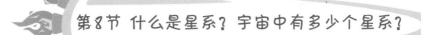

第8节 什么是星系？宇宙中有多少个星系？

什么是星系？宇宙中有多少个星系？

星系是一个庞大的集合体，除了恒星之外，星系中还存在大量不断翻腾的尘埃和气体云，以及各种各样的行星、卫星、小行星、流星、彗星、黑洞等。此外，星系还有一个好听的别名——宇宙岛。星系是构成宇宙的基本单位。

星系的直径从数千光年到几百万光年不等，一个星系里面至少有数万颗"太阳"一样大的恒星。这足以说明星系的庞大。

这么庞大的星系是怎么形成的呢？创造是最艰苦的工作，任何事物从无到有的过程都是缓慢的。宇宙大爆炸之后，产生氢气和氦气，然后开始膨胀，无法避免地彼此吸引和靠拢，形成了一片巨大的"云朵"，然后这片"云朵"开始转动，由慢到快，产生的离心力和引力达到了一种奇妙的平衡状态，于是它慢下来了，以一种恒定不变的速度转动，这样，一个个星系就诞生了。

M87星系

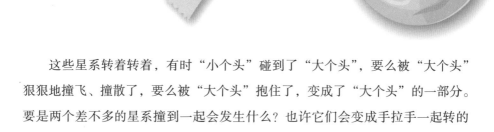

　　这些星系转着转着，有时"小个头"碰到了"大个头"，要么被"大个头"狠狠地撞飞、撞散了，要么被"大个头"抱住了，变成了"大个头"的一部分。要是两个差不多的星系撞到一起会发生什么？也许它们会变成手拉手一起转的"好朋友"哦！

　　星系有哪些种类呢？根据视觉形态来分，星系一般分为3种。

　　第一种是椭圆星系，因它的形状是椭圆形而得名。它通常看起来是黄色或是红色，比较著名的椭圆星系有：M60星系，离我们约5400万光年；M87星系，距离我们约5500万光年，直径约为银河系的5倍。

大麦哲伦星系

第二种是漩涡星系，它是外形最美丽的星系，中心有一个凸起的核心球，向外延伸出旋臂，像漩涡一样，它通常看起来是蓝色的，我们的邻居仙女座星系就是典型的漩涡星系。在旋涡星系中有一类星系的核心形状不是球形，而是棒状，旋臂从棒的两端生出，称为棒旋星系。银河系属于棒旋星系。

第三种是不规则星系，它们往往比较年轻，形状不规则，像银河系的另外两个邻居——大、小麦哲伦星系，它们的形状就是不规则的。

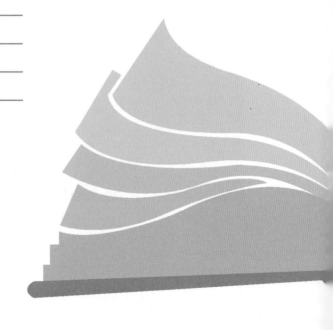

那么宇宙中存在多少个星系呢？

据科学家估计，可观测的宇宙中存在至少上千亿个星系。这是一个多么惊人的数字啊！你也许会问，这个数字是科学家们一个个数出来的吗？并不是。科学家们发现，通过望远镜拍摄的深空照片，虽然角度和方向不同，但这些照片之间都有相似之处，于是科学家们总结出了规律，并根据这些规律计算出这个数字。当然我们也只能在可观测的宇宙空间范围内进行推算。假如宇宙无边，那么星系的数量也将无法计算出来。

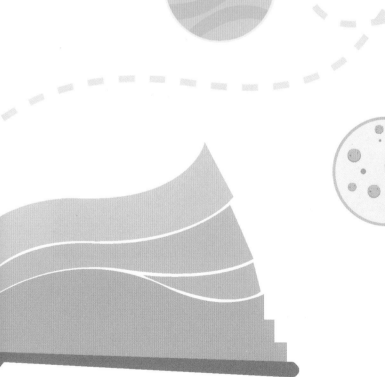

第9节 为什么星球大多是圆的，并且都在运动？

太阳是圆的，月球、地球也是圆的，并且宇宙中的大型天体几乎都是圆的，这真是一个奇怪的现象，你知道为什么吗？

这里所说的圆，准确地说应该是圆球体。在古代，由于视野和科技的限制，人们以为天是圆的，地球是方的，天包裹着地；另外，还有"地心说"等，是在当时很流行的，现在却被认为是错误的说法。直到16世纪，葡萄牙航海家麦哲伦的环球航行，才证明了地球是圆的。

可它为什么是圆的呢？

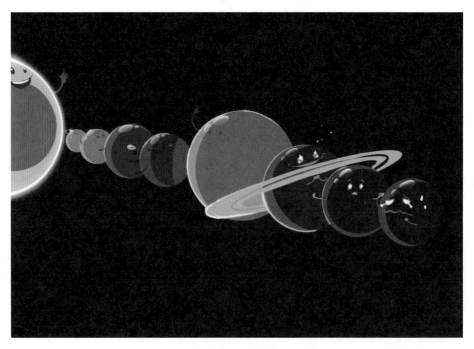

太阳与八大行星

很多大质量的星球在还没有成形时并不是圆形，基本上都是不规则的形状，但所有星球都在不停地自转，就像我们做棉花糖一样，竹签在不断地旋转，将旁边的糖线吸引在竹签上，棉花糖就变成一个类似于球体的形状。

　　星球在自转的过程中，它内部引力将周围的物体吸引过来，引力是均匀的，因此形成的星球就是球形的，即使有棱角，也会在不断的运动中被抛出去。引力就好像是一只无形的大手，揉搓着星球，直到它变成球体，这是一种奇妙的平衡。如果引力出了问题，或自转的速度出了偏差，这个星球就将不再是圆球体。因为只有圆球体的状态才能让引力吸引住整个星球的物质，不让这些物质重新散开，用一句简单的话来说，圆球体是宇宙天体保持自身状态最牢固的形状。

　　当然也有一些不规则的小行星，它们之所以没有成为球形，就是因为质量不够大，没有足够的力量去吸引周围的物质，从而无法形成球形。

　　那么为什么所有星球都在运动呢？

地球与太阳

　　在回答这个问题之前，先来了解下飞机为什么在空中不会掉下来，你肯定知道答案，因为飞机飞得很快。没错，地球和所有的星球之所以飘浮在宇宙中不会往下落，就是因为它们在不停地快速运动。飞机运动是发动机给的力量，那地球运动是谁给的力呢？

　　第一种力量是地球形成之初时的力量，是星子堆积产生的角动量，因为太空中没有摩擦，所以就没有阻力，只要没有外界物体干扰，就可以一直保持这种运动的状态。

　　但实际上，在星际物质阻力、月球潮汐力、太阳潮汐力等外界因素的影响下，地球的自转速度一直是在逐渐减小的，最初形成地球时，它的自转周期是4个小时1圈，5亿年前变成20个小时1圈，到现在是24个小时1圈，未来自转周期还会进一步拉长，不过这个过程相当缓慢，我们根本感觉不出来。

　　第二种力量是太阳所给的。太阳的引力很大，所以它能吸引地球过去，但地球也在不停地运动，这两个力就会保持微妙的平衡。最后的结果就是，地球既不被太阳吸过去，也不会影响自己的转动。

　　这种解释适用于任何星球。如果地球不转了，那可就糟糕了，其要么被太阳吸过去烤化了，要么掉入深渊，所以星球之所以不停地运动，是为了生存，是为了保命。

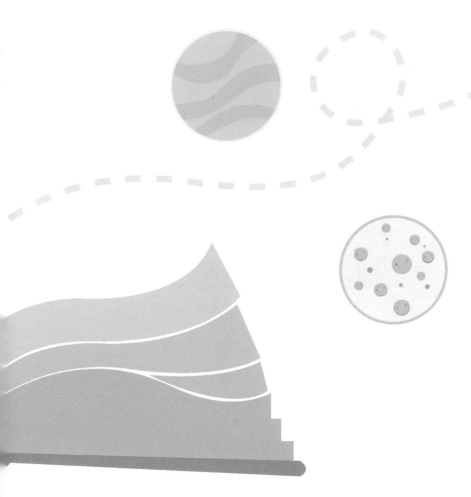

第10节 恒星的寿命有多长？它们的颜色为什么不同？

思考一个问题：人可以活到近100岁，海龟可以活到200多岁，那太阳能活到多少岁呢？其他的恒星能活多少岁呢？

任何事物的出现都是从无到有的一个过程，太阳也不是一开始就是现在的样子。那我们就以太阳为例，了解一下恒星的寿命。

太阳是离我们最近的恒星，是太阳系的中心，八大行星都围绕着它进行公转，太阳更是地球的光和能量的主要来源。

太阳的寿命在100亿岁左右。它诞生于约46亿年前，目前的太阳正处于生命中最稳定的中年期。在过去的约46亿年里，它没有发生剧烈的变化，同样，在接下来的几十亿年内，它还将继续保持着稳定。但当它

50亿年后的地球

太阳膨胀成为红巨星的想象图

的燃料耗尽，内部的核反应停止之后，太阳将会膨胀成为一颗红巨星，变得更加明亮和炙热，然后它将收缩成一颗白矮星，外部则变成了行星状星云。

在宇宙中，恒星的寿命要根据它的质量来判断。质量越大，寿命越短；质量越小，寿命越长。之前提到的最大的恒星史蒂文森2-18，它的寿命仅有几千万年而已，而离我们最近的恒星——比邻星，比太阳小很多，它的寿命可达1000亿岁。

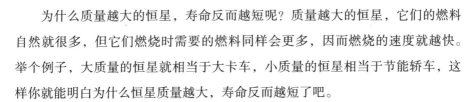

为什么质量越大的恒星，寿命反而越短呢？质量越大的恒星，它们的燃料自然就很多，但它们燃烧时需要的燃料同样会更多，因而燃烧的速度就越快。举个例子，大质量的恒星就相当于大卡车，小质量的恒星相当于节能轿车，这样你就能明白为什么恒星质量越大，寿命反而越短了吧。

那么，为什么不同的恒星会有不同的颜色呢？

不知道你注意到没有，晚上我们看星星的时候，你会发现它们的颜色不一样，有的是蓝白色，有的是红黄色。

其实，恒星的颜色与恒星的表面温度有一定的关系。一般来说，恒星有蓝色、白色、黄色、红色这4种颜色。

颜色各异的恒星

★ 蓝色恒星：表面温度在20 000℃以上，例如 R136a1、WR102等。

★ 白色恒星：表面温度在7000～11 500℃，如天狼星、织女星、牛郎星、北落师门、天津四等。

★ 黄色恒星：表面温度在5000～6000℃，如五车二、南门二等。

★ 红色恒星：表面温度在2600～3600℃，如参宿四、心宿二等。

而我们的太阳则属于黄色恒星（黄矮星）。

你也许会说："你说得不对，太阳明明看起来是白色或是红色的呀！"

的确，我们看到的太阳是白色或红色，那是因为我们的大气层在作怪。

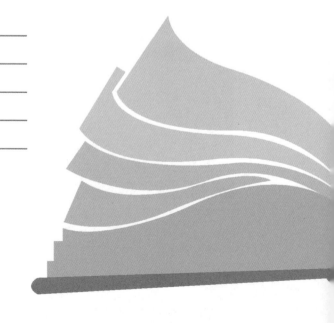

我们知道太阳光其实是由7种颜色组合而成的。早晨和傍晚，我们看到太阳是红色的。这是因为在早晨和傍晚，太阳光线穿过大气层的距离较远，大气层对波长较短的蓝光和紫光的散射作用更强，而对波长较长的红光散射作用较弱，因此红光能够穿透大气到达我们的眼睛。

而在中午，我们看到太阳是白色的。这是因为，中午时太阳直射地球，太阳光线穿过大气层的距离较短，大气层对各种波长的光的散射作用差异较小，这7种颜色的光混合在一起，看到的太阳就呈现出白色。

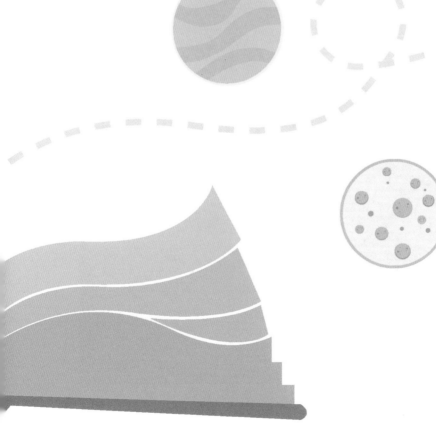

第11节 恒星之间会相撞吗？

浩瀚无边的天空中有数不尽的星星，你的大脑中肯定想过这样一个有趣的问题，它们每时每刻都在不停地运动，难道就不会相撞吗？

我们还是以飞机为例，全世界每天有上百万架飞机在天空中飞行，我们是不是几乎没有听说它们相撞的事情？为什么呢？那是因为飞机有看不见的航道，只要它们按照规定的航道行驶，就不会发生撞机事故。

而宇宙中的所有天体和飞机一样，都是在有规律、有组织、有秩序地运动着，仿佛有一双看不见的大手，在指挥着它们。这双大手就是我们前面所提到的引力作用。宇宙中的天体在引力的作用下，按照自己的轨道有序地运行着。

更为重要的是，宇宙是无限大的，也就意味着宇宙中天体的运动空间比飞机在地球上的运动空间广阔得多。即使有很多不听指挥的天体突然脱离轨道，成为"流浪"星球，但与别的天体相撞的概率也非常小。

太阳系运行轨迹

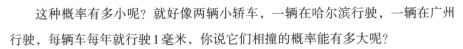

　　这种概率有多小呢？就好像两辆小轿车，一辆在哈尔滨行驶，一辆在广州行驶，每辆车每年就行驶 1 毫米，你说它们相撞的概率能有多大呢？

　　以太阳和离太阳最近的恒星比邻星为例，假如把太阳比作一颗小绿豆，放在你的家里，而这时比邻星在离它 114 千米远的地方，相当于北京到天津的距离。想一想，这么远的距离，两颗小绿豆相撞的可能性有多大？即使它们随便乱跑，这么遥远的距离和空间，它们也不会相撞。

　　再以银河系里的恒星为例，它们虽然在大小、运动速度、运动方向等方面各不相同，但总体上它们都是围绕着银河系的中心公转，有自己的专属公转轨道，并不是随机运动的，所以碰撞的可能性也极低。

银河系与仙女座星系相撞想象图

如果你一定要打破砂锅问到底：到底有没有相撞的恒星呢？有的，在距离很近的双星系统中，大质量的恒星就可能吸收小质量的恒星，甚至两颗恒星都在互相吸收对方的物质，慢慢融合在一起，这应该算是另外一种意义上的"相撞"吧。

虽然恒星的相撞概率很小，但星系的相撞概率相对来说却比较大。在宇宙中，星系碰撞相当普遍，同时这也是星系演化的关键。大星系和小星系的碰撞融合使产生的新星系变得更大、更耀眼，同时也会抛出去很多物质，包括部分恒星。这些恒星在引力的作用下，又会变成一个新的按照固定轨道公转的天体。

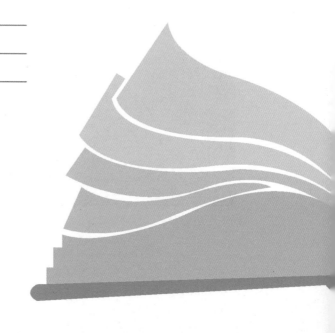

　　科学家们研究发现，35亿~40亿年后，我们的银河系会与邻居仙女座星系相撞，这两个星系里面包含了数万亿颗恒星，届时肯定会有恒星相撞，但那是很久以后的事了，我们肯定是看不到了。

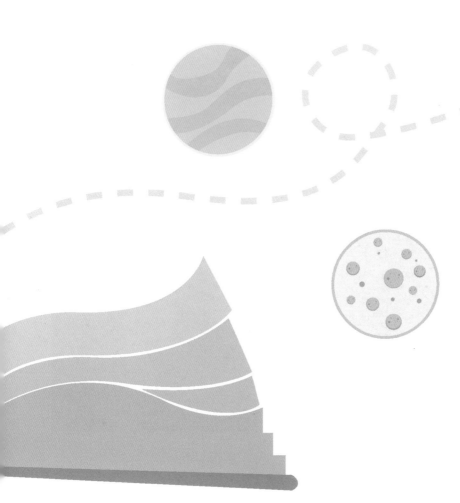

第12节 天上的星星为什么会眨眼睛?

在晴朗的夜晚，我们仰望星空，会发现星星是一闪一闪的，好像在眨眼睛。这到底是怎么回事呢? 星星真的会像人一样眨眼睛吗?

在夏季，远望被晒得很热的沥青路面，我们会发现路面上的空气好像水一样在上下流动。星星眨眼睛也是同样的道理，我们头顶上的大气层分布并不均匀，有的地方厚、有的地方薄，当遥远的星光射入大气层时，就好像穿透了许多透明的镜子，导致折射，光线就变得弯弯曲曲的了。而我们的大气层并不是静止不动的，非常不稳定，并会发生无序不规则的扰动，当被折射了的星光遇到冷热不均的空气时，星光就会开始抖动，有时分散，有时汇聚，变得忽明忽暗，好像会眨眼睛一样。

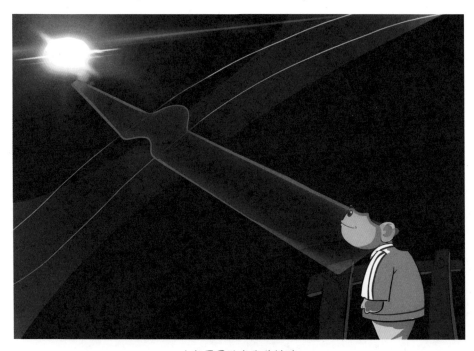

大气层导致光线的抖动

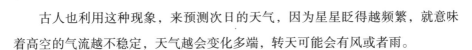

古人也利用这种现象，来预测次日的天气，因为星星眨得越频繁，就意味着高空的气流越不稳定，天气越会变化多端，转天可能会有风或者雨。

一般来说，会眨眼睛的星星都是恒星。为什么？因为恒星离我们足够远，它发出来的光经过折射，被我们看到的时候是点状的，所以容易受大气层影响，发生闪烁的现象。

那么，太阳也是恒星，怎么没觉得它在眨眼睛呢？

双星系统

太阳作为离地球最近的恒星，它在天空中占的比例比其他恒星大得多，被我们看到的光源也比较多，即使它的光被大气层折射，仍然有相当一部分的光可以以正常的角度被我们接收到，所以太阳看起来是比较稳定的，不会眨眼睛。其实想想如果太阳会眨眼睛，那也挺恐怖的，忽明忽暗，地球就会一下白天、一下黑夜，我们和动物的作息全都被打乱，所有的灯要保持长亮，我们的生活就会变得特别不方便。

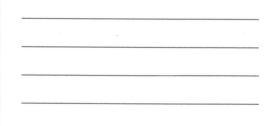

棒棒的你继续展开想象吧。既然地球上不稳定的大气层是导致星星眨眼睛的原因，那如果去太空看星星，它们就不会眨眼睛了吧？毕竟太空里可没有大气层。

如果你这么想的话，那就太小看我们的宇宙了，要知道在宇宙中什么事情都不是绝对的。比如双星系统，它是由两颗恒星组成的天体，这两颗恒星互相绕着旋转，当一颗遮住另一颗的时候，亮度就会变暗，当两颗同时出现的时候，它们就会变亮，这也是一种闪烁效应哦！

第13节 超新星爆发有多可怕？

在整个宇宙中，除了宇宙大爆炸外，最有威力的爆炸是什么？原子弹、氢弹，还是核弹？不，这些爆炸的威力在超新星爆发面前根本不值一提。

那什么是超新星爆发呢？要想知道什么是超新星爆发，我们先来了解一下什么是超新星。

超新星这个词是英文翻译过来的，它的英文名称是super nova，nova在拉丁语中是"新"的意思，是说它在天球上看起来是一颗新出现的亮星。其实超新星本来就存在，但因为之前不够亮，人们没有观察到它，现在因为亮度突然增加，而被人们认为是新出现的，super则是为了把超新星跟新星区分开，这也意味着超新星的亮度远远超过了新星。

超新星爆发是恒星演变的过程，某些大质量的恒星在演化到生命末期时会经历一场剧烈的爆炸。科学家们认为，超新星爆发是一些超大质量恒星生命结束之前的绚丽释放。它爆发出的辐射光线通常可以短暂地照亮它所在的整个星系，被我们观测到，然后在几周或是几个月后才渐渐地熄灭，直到我们看不见它。

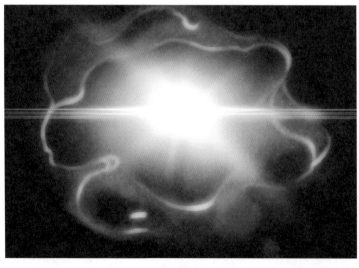

超新星爆发

超新星爆发可不是随便发生的，一般有两种触发原因。一种是大质量的恒星在生命末期，燃料耗尽，发生引力坍塌，引力势能释放而引起爆炸。还记得前面所讲的最大恒星史蒂文森2-18吗？这颗红超巨星在生命晚期也许会发生超新星爆发。另一种原因是出现在双星系统中，两颗白矮星合并或者一颗白矮星吞噬另一颗白矮星，吞噬达到某个极限，爆炸也就随之产生了。

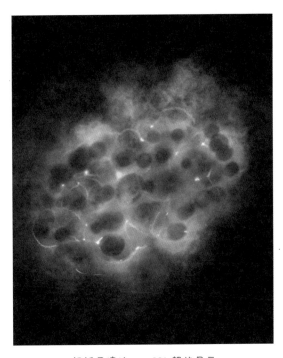

超新星遗迹——M1 蟹状星云

不过告诉大家一个好消息，那就是我们的太阳不会发生超新星爆发，因为它的质量不够大，一般要超过太阳质量8倍的恒星才有可能发生超新星爆发。

那么超新星爆发的威力有多大呢？它在爆炸一瞬间释放出来的能量可能是普通恒星一生所释放出来总能量的10倍。想一想太阳这个普通恒星，它1秒钟释放的能量，足够满足人类十几万年对能量的需求，那超新星爆发产生的能量大概够人类使用几亿年了。

当超新星爆发时，影响范围通常为10~15光年，在这个范围内，超新星爆发释放的高能辐射、粒子和引力波等可能对周围的天体和生命产生重大影响。

如果发生超新星爆发，我们所在的太阳系安全吗？根据天文学家的数据报告，在太阳系周围50光年范围内，还没有能够发生超新星爆发的恒星，所以我们还是很安全的。已知的、最接近地球的超新星爆发候选星在距离太阳系150光年以外，远远大于超新星爆发的影响范围，所以不必杞人忧天。

　　超新星爆发后膨胀的气体和尘埃构成壳状结构，我们把它叫作超新星遗迹，好多美丽的星云就是超新星遗迹，如蟹状星云、猫爪星云等。同时超新星遗迹也为恒星的演化提供了元素。

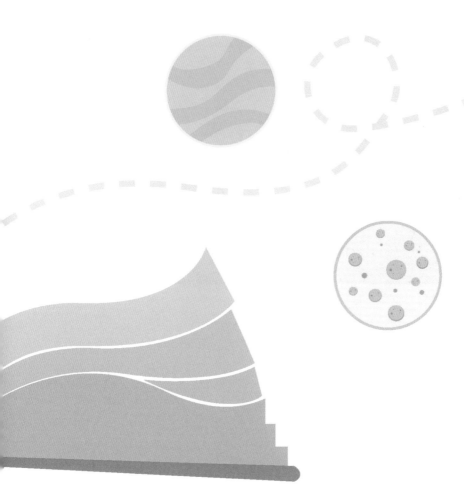

第14节 一勺子中子星能压扁地球吗?

大质量恒星在超新星爆发后会变成什么呢? 有可能变成黑洞, 也有可能变成中子星。现在科学界普遍认为, 静态中子星的质量一般是太阳质量的2.2~2.9倍。超过这些极限, 中子星将坍缩成为黑洞。

那么什么是中子星呢?

中子星是整个宇宙中除黑洞外密度最大的星体, 它也是整个宇宙中体积最小的恒星之一, 是大质量的恒星演化到生命末期, 经由重力崩溃, 发生超新星爆发之后演化而来的。

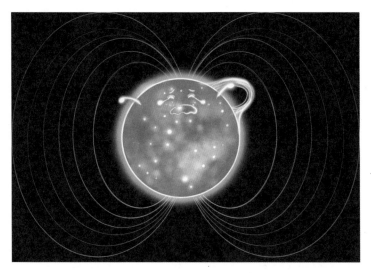

中子星

如果恒星的质量没有达到可以形成黑洞的标准, 它在寿命终结时坍缩形成一种介于白矮星和黑洞之间的星体, 就是中子星。它的密度比地球上任何物质密度都要大很多, 大得简直无法想象!

那中子星究竟有多重呢? 一颗典型的中子星质量是太阳质量的2倍左右, 直径仅仅在10~30千米之间, 想象一下, 这么重, 却这么小, 它的密度得多大啊。

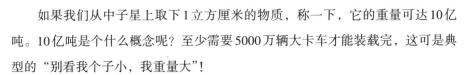

如果我们从中子星上取下1立方厘米的物质，称一下，它的重量可达10亿吨。10亿吨是个什么概念呢？至少需要5000万辆大卡车才能装载完，这可是典型的"别看我个子小，我重量大"！

其实早在20世纪30年代，中子星就作为假说被提出来，但因为这种被理论预言的中子星密度大得超乎人们的想象，也没有被人类观测到它的存在，所以人们对这个假说抱着怀疑的态度。

直到1967年才有确切的观测数据呈现在人们面前，人们才开始意识到这种大密度的中子星可能确实存在于宇宙中。

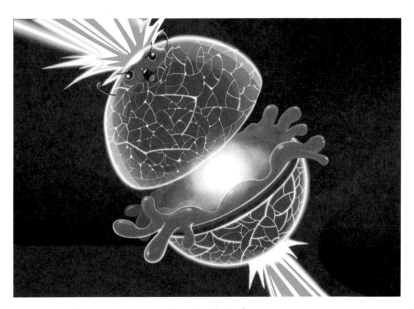

中子星内部构造

中子星可以说是涅槃重生的典型实例，因为它只有在超新星爆发后才会形成。正如它的名字一样，中子星几乎全部由中子构成，即中性亚原子粒子被压缩成一个小的高密度天体，一勺中子星物质的平均质量可达上百亿吨，地球上可承受不住这么小又这么重的物体。

中子星的结构跟地球相似，从里到外分别是核心、内部、内壳和外壳。核心部分主要是固态超子核，内部主要是超流中子流体，内壳是重核晶格，外壳则主要由铁原子核构成。

展开你想象的翅膀：如果太阳变成一颗中子星，它会被压缩成直径只有几千米的球体；如果地球被压缩成中子星，它的体积也就比一粒花生稍大些，但重量不会变。

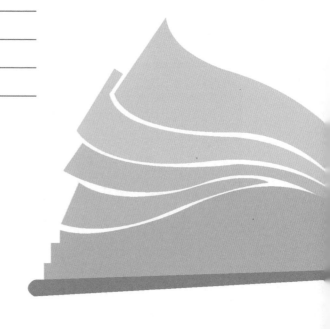

　　当然我们的太阳在生命晚期是不会变成中子星的，原因就是太阳的质量还是太小了，只有比太阳质量大几倍的恒星最后才有可能成为一颗中子星。地球作为一颗行星，更不可能变成中子星。

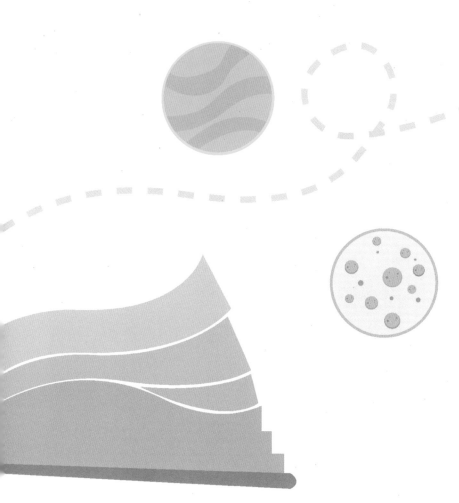

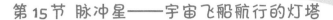

第15节 脉冲星——宇宙飞船航行的灯塔

你跟家人一起开车去陌生的地方，怎么样才能最快到达呢？当然是利用导航，它能告诉我们最近的路线，告诉我们哪里堵车需要绕行。其实导航在我们生活中无处不在，汽车、轮船和飞机都需要导航，甚至我们的手机也离不开它。

如果未来我们去星际旅行，茫茫宇宙中，我们的宇宙飞船该怎么定位，又靠什么导航呢？这就需要找到宇宙中的灯塔——脉冲星！

什么是脉冲星？它属于中子星的一种，属于大质量恒星生命演化末期的产物。那什么样的中子星才能被叫作脉冲星呢？必须是高速旋转且发出脉冲信号的中子星。

脉冲星的自转速度有多快呢？我们知道地球自转一圈约24小时，而脉冲星的最快自转周期竟然为0.0014秒！脉冲星的旋转速度不同，脉冲周期也各不相

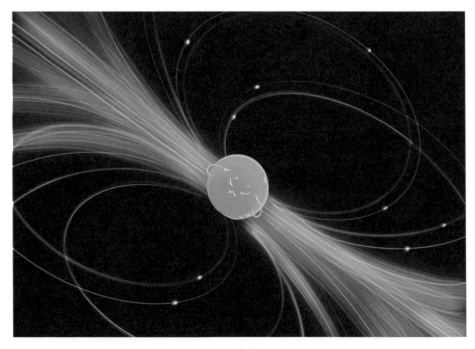

脉冲星

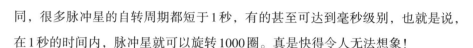

同，很多脉冲星的自转周期都短于1秒，有的甚至可达到毫秒级别，也就是说，在1秒的时间内，脉冲星就可以旋转1000圈。真是快得令人无法想象！

只有高速旋转的中子星，才有可能是脉冲星。而且只有当它发射光束指向地球时，我们才能观察到这种辐射，才能称之为脉冲星。

那为什么有的中子星能够发出脉冲信号呢？目前科学家们认为中子星在向外辐射能量，但它的能量不是像太阳那样向四面八方辐射，而是通过中子星的两个磁极发射出来，好比是向外打了两束手电筒的光。

中子星的磁轴与旋转轴并不垂直，而是成一定角度，类似于地球自转时的倾斜角度。所以当星体旋转时，能量束就好像灯塔的光束一样，扫过太空。

只有能量束扫到地球时，我们才能探测到它。

中国天眼发现脉冲星示意图

脉冲星的体积一般都很小，我们一般无法用普通望远镜观测到。那你可能会问，望远镜都无法观测到它，人类到底是用哪种方式来探测和发现脉冲星的呢？这就要用到射电望远镜了，它可以通过接收脉冲信号来判断和确定脉冲星。

位于我国贵州的中国天眼FAST是世界上最大的射电望远镜，它已发现了近千颗脉冲星，是世界上所有其他望远镜发现脉冲星总数的4倍以上，是不是非常了不起？这是中国人的骄傲！关于中国天眼，我们将在后面章节进行详细的介绍。

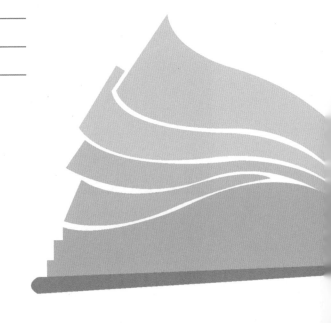

脉冲星的脉冲信号十分稳定，给人类提供了很高的科研价值，比如脉冲星就像一个精确的钟表，可以作为计时的依据；再比如，将来在进行宇宙空间探索时，我们可以利用脉冲星来确定星际方向，还可以利用脉冲星来进行星际导航，帮助人类走出太阳系，向宇宙深处探索。

期待未来人类能够星际旅行，并且能用上这个太空导航仪——脉冲星。

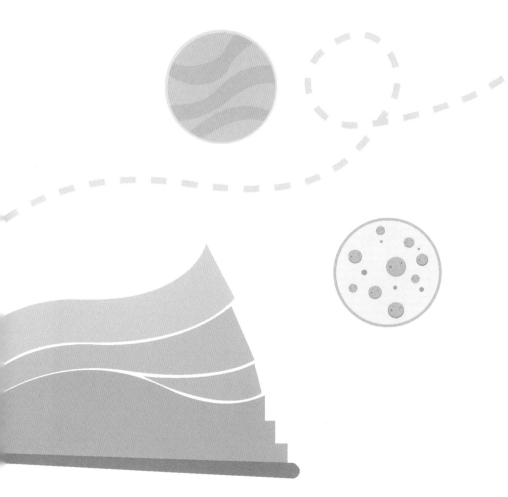

第16节 宇宙的搅拌机——黑洞

在浩瀚无垠的宇宙深处，隐藏着一种令我们既敬畏又痴迷的神秘存在——黑洞。它宛如宇宙的巨兽，无情地吞噬着一切靠近的物质，却又笼罩在无尽的黑暗与谜团之中。

黑洞就像一个贪婪的"大魔头"，宇宙中的任何物质只要进入它的范围，都逃脱不了被它吞噬的命运。因为进入黑洞后的所有物体都会被分解成最小的不可再分的基本粒子，所以它又被称为宇宙的搅拌机。

这是为什么呢？相信你一定见过河里湍急的旋涡，黑洞就像旋涡一样，有着强大的吸引力，可测物质甚至辐射都无法逃脱它的引力，就连速度最快的光子也逃不出来，这是宇宙版的"无法返航"。

既然黑洞看不见、摸不着，又不向外散发能量，也不表现出一切形式的能

黑洞正在吞噬恒星

量，那我们是怎么知道它的存在呢？聪明的人类是根据各类天体被黑洞吸进去之前发射出的紫外线和X射线，或者根据恒星或星云的绕行轨迹，来推测黑洞的质量和位置。

那么你一定很好奇，这么神奇的黑洞是怎么出现在宇宙中的呢？还记得之前所讲的超新星爆发吗？如果一颗恒星的质量超过太阳的30倍，它在生命末期的超新星爆发后不一定会变成中子星，很有可能成为一颗小黑洞，这种由恒星演变而来的黑洞叫作恒星型黑洞。虽然被叫作黑洞，但它绝对不是一个"洞"，而是一种有着大质量的星体，目前发现的黑洞，最小质量也是太阳质量的3.8倍。

黑洞

最近科学家还发现了一种休眠黑洞，也属于恒星型黑洞，是由大质量恒星死亡后演变而来的。休眠黑洞几乎不会发出 X 射线，所以这种黑洞很难被发现。科学家估算，仅仅在银河系中就存在上亿个休眠黑洞。

还有一种黑洞，它的年龄和宇宙年龄几乎一样大，这就是每个大星系中心都会有的超大黑洞，它靠着巨大的引力带动着大量的宇宙天体进行运转，一旦这些天体运转起来，势必会带动更多的天体转动，从而维持着这个星系的转动秩序。比如2022年5月12日公布的银河系中心黑洞的照片，叫作人马座 A*，它的质量相当于430万个太阳。

　　这么可怕的黑洞在宇宙中真的令人讨厌吗？其实并不是这样，黑洞在宇宙中的作用非常大，它可以稳定宇宙的秩序，稳定星系的运转规律，如果没有黑洞的引力，星系碰撞的概率会大大增加，那么宇宙就会混乱不堪。另外，黑洞还会吞噬掉一些老年恒星，清理宇宙垃圾，促进整个宇宙的新陈代谢，延缓星系的成长速度，在整个宇宙中具有不可替代的作用。

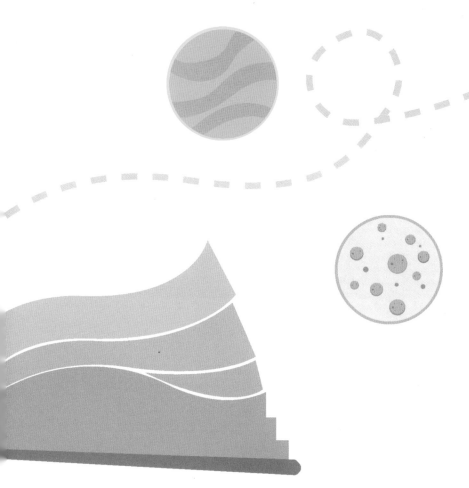

第17节 白洞存在吗？虫洞能穿越到未来吗？

提到"洞"，你能想到什么？第一个想到的是不是黑洞？

其实，宇宙中有3种神奇的洞，分别是黑洞、白洞和虫洞，其中只有黑洞是人类发现并证实是真正存在的，白洞和虫洞都只是天文学家的推测。

黑洞是个只进不出、只吃不吐的"贪吃怪"，而白洞跟它恰好相反，白洞只出不进、只吐不吃，白洞向外界喷射物质却不吸收任何物质。白洞是根据物质世界的对称性，由理论延伸出来的概念，也是为了与黑洞相对应。

白洞想象图

我们知道恒星型黑洞是超新星爆发后的产物。那么白洞是怎么产生的呢？科学界现在有两种说法：一种是在宇宙大爆炸时期，高密度物质爆炸不均匀，遗留下来的物质就形成了白洞；另一种是黑洞继续坍缩，坍缩到一定程度就成了白洞，这种观点获得大多数科学家的赞同，因为这种说法符合物极必反的规律，宇宙就是在不断地爆炸、新生中循环往复。

而虫洞是宇宙中可能存在的连接两个时空的狭窄隧道，通过它可以实现瞬间的空间转移或者进行时间旅行。这听起来是不是很酷？虫洞就像是哆啦 A 梦的任意

虫洞想象图

门。还有更酷的观点，有的科学家脑洞大开，认为黑洞是虫洞的入口，白洞是虫洞的出口。

理论研究表明，即使白洞和虫洞真的存在，它们也是不稳定的。科学家认为，一旦白洞把它拥有的能量和质量全部喷射完，它们就会消失不见。假如真是这样的话，那么即使在距离我们 100 光年远的地方有一个白洞，等我们知道它的存在时，它很可能就已经消失了。这或许就是我们还没有发现白洞和虫洞的原因。即便是这样，科学家们仍旧对它们寄予厚望。有的科学家则认为，白洞拥有无穷无尽的物质，就好像喷泉一样，永远也不会喷射完，所以它会一直存在。

一个人穿越到未来或者穿越到古代是一种什么样的体验呢？

这件事在未来也许真的能够实现。著名的理论物理学家、宇宙学家霍金坚信人类能够穿越到未来。那人靠什么实现穿越呢？靠虫洞。有一种说法是黑洞和白洞发生碰撞时会在极短的时间内制造出一条狭窄的隧道，这条隧道就是虫洞。

根据虫洞理论，如果能建造一个稳定的虫洞，就可以利用它进行时间旅行，可以穿越到未来！比如早上9点，你在虫洞的一端，进入虫洞后，时间就会暂停了，等你出来时仍然是早上9点。但大家一致认为虫洞的打开时间很短，转瞬即逝。

　　人类目前正在寻找一种负能物质，这种负能物质可以支撑并延长虫洞的开启时间。当然，这些都是一些科学假设，并没有真正实现。让我们一起为科学家加油吧！

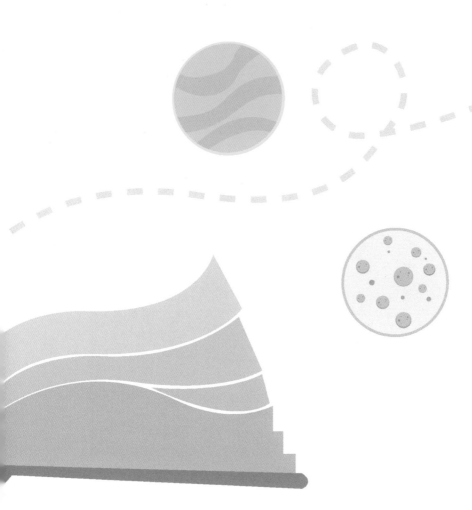

第18节 宇宙之外还有什么？

如果我们能够穿越时间去旅行，你有没有想过，宇宙之外还有什么呢？

我们所认知的宇宙叫作可观测宇宙，宇宙在不断地膨胀、变大，不可观测的地方甚至比可观测的地方还要大。

那宇宙之外会有什么呢？其实很早以前就有科学家探讨过这个问题，其中，最著名的两位科学家是爱因斯坦和霍金。

爱因斯坦认为宇宙是无限的、没有边界的，没有边界就不存在外面是什么了，因为所有都是宇宙的一部分。我们用地球来举例：如果说地球是没有边界的，你觉得对不对呢？设想一下，你从地球上任意一个地点出发，能不能走出地球呢？答案是不能。你可能会说，我坐飞船飞上天空不就走出地球了吗？可是你坐了飞船，就是离开了地面，那就不属于地球的范围了。如果宇宙没有边界，自然就飞不出去，不管你飞多远，都还在宇宙中，就谈不上宇宙之外了。

而霍金认为宇宙是有限的，宇宙的边界位于约465亿光年处，这是目前人类

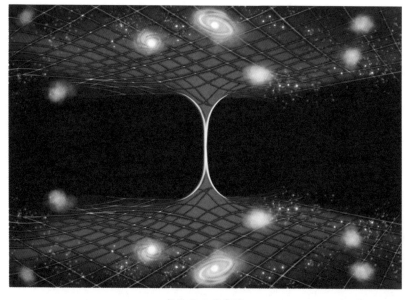

多重宇宙想象图

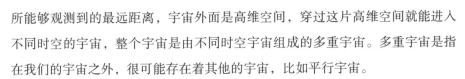

所能够观测到的最远距离，宇宙外面是高维空间，穿过这片高维空间就能进入不同时空的宇宙，整个宇宙是由不同时空宇宙组成的多重宇宙。多重宇宙是指在我们的宇宙之外，很可能存在着其他的宇宙，比如平行宇宙。

那么什么是平行宇宙理论呢？相信你肯定在各种科幻片里看到过平行宇宙。平行宇宙是指从某个宇宙中分离出来，与原宇宙平行存在的，既相似又不同的其他宇宙。在这些宇宙中，也有和我们的宇宙以相同条件诞生的宇宙，还有可能存在着和人类居住的星球相同或具有相同历史的行星，也可能存在着跟人类完全相同的人。同时，在这些不同的宇宙里，事物的发展会有不同的结果：在我们的宇宙中已灭绝的物种在另一个宇宙中可能正在不断进化和发展。也就是说，在另外一个宇宙，可能会有一个一模一样的你正在做着同样的事。

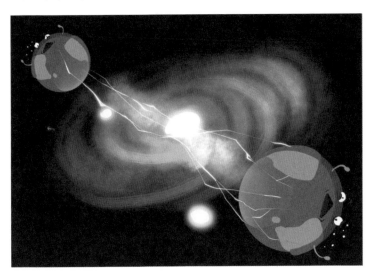

平行宇宙想象图

但霍金的理论有一个缺点，就是当人类的科技更加进步的时候，我们能探测或观测到的宇宙最远距离势必会变得更远，也就是说宇宙的边界会更往外扩大一些。相应的，他所认为的高维空间也要向外扩，而且这个数字将不断地被改写。

关于宇宙之外有什么，还有一种比较科幻的说法，这种说法认为我们现在所处的宇宙是虚拟的，是一种由高度发达的文明写出来的一段程序，整个宇宙只不过是按照这个写好的程序运转而已。当然，这种说法确实太科幻，也并没有什么科学依据，但却给很多电影和文学带来了灵感。

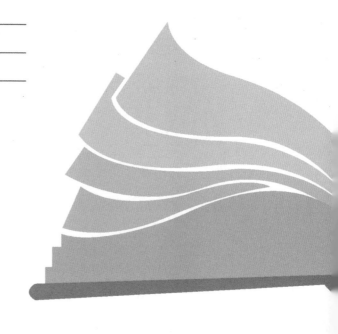

宇宙是不是很神奇？漫步神奇的宇宙是不是很有意思？从下章开始，我们将进入太阳系星球联盟。

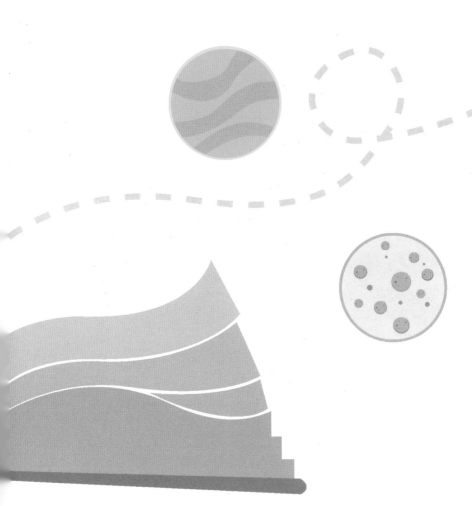

读书心得

第1节 什么是太阳系？

从本节开始，我们将走进太阳系星球联盟。

既然是星球联盟，那必然有很多小伙伴，让我们一起来认识一下它们吧！

首先，我们从总体上认识一下太阳系，它是一个以太阳为中心、受太阳引力约束在一起的天体系统，包括太阳、行星及其卫星、矮行星、小行星、彗星和行星际物质。

太阳系位于银河系的一个叫作猎户臂的旋臂上，太阳以220千米/秒的速度绕银河系运动，大约2.5亿年绕行一周。

银河系与太阳系

太阳系的形成大约始于约46亿年前一个巨型星际分子云的引力坍缩。

在我们传统的印象里，一提到太阳系，就会想到八大行星。但实际上，太阳系中除太阳、行星外，还有更多我们没有探测到的地方，比如说遥远的奥尔特云。

截至目前，人类所能观测到的太阳系，包括1颗恒星太阳，8颗行星，大约200颗卫星，至少120万颗小行星，还有5颗矮行星和无法精确计算数量的彗星。

　　太阳系中，第一个要说的就是太阳。太阳是一颗恒星，是太阳系唯一会自己发光的天体，它的质量特别大，占到整个太阳系的99.86%，也就是说太阳系的其他天体在它面前都很渺小。

　　围绕太阳公转的行星一共有8颗，从近到远依次为水星、金星、地球、火星、木星、土星、天王星、海王星。其中水星、金星、火星、木星、土星这5颗行星可以用肉眼观测到，而天王星和海王星则需要借助望远镜才能看清。八大行星中，最大的行星是木星，唯一有生命的行星是地球，最小的行星是水星，而有着最美丽光环的行星是土星。

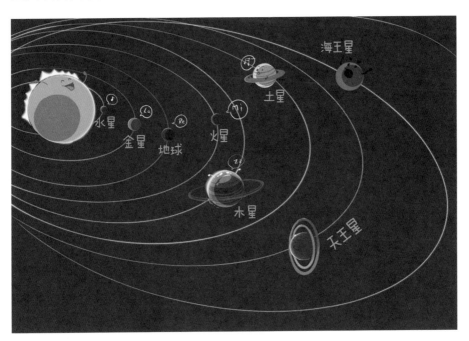

太阳系示意图

这8颗行星在固定的看不见的轨道上围绕着太阳公转，公转的周期各不相同，所以它们永远也不会撞到一起，反而可能会出现好几颗行星在太空中连成一条线的情况。在地球上，每隔几年我们便会看到几星连珠的盛况。

行星围绕太阳公转，那什么围绕着行星公转呢？是卫星。从地球开始，每一颗行星都有自己的卫星。你肯定想问，为什么是从地球开始，而不是从水星和金星开始？因为水星和金星离太阳太近了，太阳的引力又非常大，水星和金星的引力无法束缚小天体，无法把它们变成自己的卫星。目前为止太阳系中拥有卫星数量最多的行星是土星。

　　太阳系很大，在银河系中有数不尽的"太阳系"，然而到目前为止，太阳系仍然是我们所知的唯一有生命的地方。

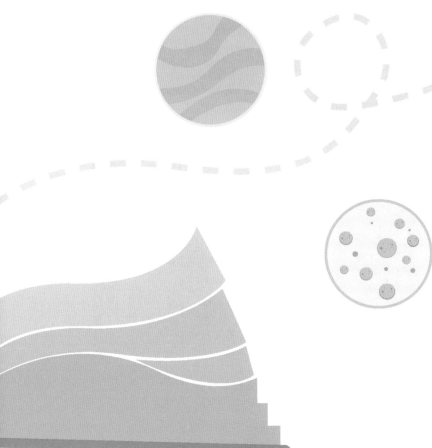

第2节 太阳系的诞生

上节我们讲述了什么是太阳系，太阳系都包含着什么，相信你一定对我们的家园——太阳系产生了浓厚的兴趣。本节我们就一起来了解神秘广阔的太阳系是如何诞生的吧。

太阳系的形成也有许多版本，目前比较主流并受到大部分科学家认可的一种说法是星云假说。

太阳系诞生于大约46亿年前的一片庞大的气体尘埃云中，天文学家把这片气体尘埃云叫作太阳星云。想象一下，有一个巨大无比、弥散的、类似于球形的云团，在数千万年的时间里，大量的气体和尘埃逐渐聚集，相互碰撞，组成的团块相互挤压，都被引力吸引到一个中心。随着时间的推移，团块开始旋转并越转越快，太阳系的"胚胎"——原行星盘开始形成。

原始太阳系

原行星盘的中心区域——原恒星变得越来越紧密，密度很大，以致温度和压力都上升到临界点，其核心开始发生核反应，一颗恒星就此诞生了，这颗恒星就是我们今天的太阳。

　　当星盘周围的尘埃颗粒与冰态颗粒在旋转过程中发生低速碰撞时，注意，一定是低速碰撞，如果是高速碰撞，两种颗粒很可能就被撞飞啦！低速碰撞反而可以使它们粘到一起。数千万年之后，这些颗粒成长为星子。

　　而在太阳引力的作用下，星子形成了行星的种子，在漫长的岁月中，它们不断地变大，不停地吸引离它更近的物质来壮大自己，这就是原行星。

　　而原行星在经历剧烈的碰撞、合并后，逐渐形成了我们今天所看到的八大行星。

小行星带

想一想，我们生活的巨大的地球，最初居然是一粒尘埃颗粒。数亿年间，它默默地吸引着周围的物质，最终成长为太阳系里唯一有生命的行星，这多么不容易！

刚才我们提到高速碰撞的颗粒可能会被撞飞，你可能会问，被撞飞的颗粒去哪儿了？它们有的被抛到了更远的地方，有的被某一颗行星捕获，成为行星的卫星。

在火星和木星之间，有个小行星带，当你夜晚仰望星空，偶尔看到的划过天际的流星，有可能就是来自小行星带的小颗粒落入地球大气层，燃烧变成的流星。

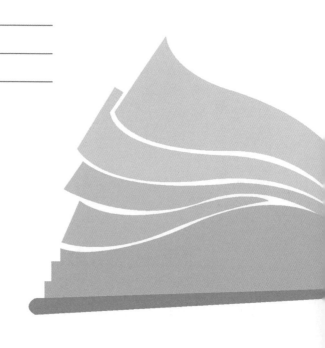

　　太阳系的形成离不开太阳的引力作用，太阳为周围所有物质提供着光和热，离它太近会被灼伤，离它太远又过于寒冷，而地球和火星正处于不远不近的宜居地带。也正因为如此，地球上才能孕育出生命。可也不要觉得太阳是温和的，相反，太阳有着超级恐怖的高温，爆发时抛出来的粒子，还有可怕的表面重力，每一个都足以让我们颤抖。

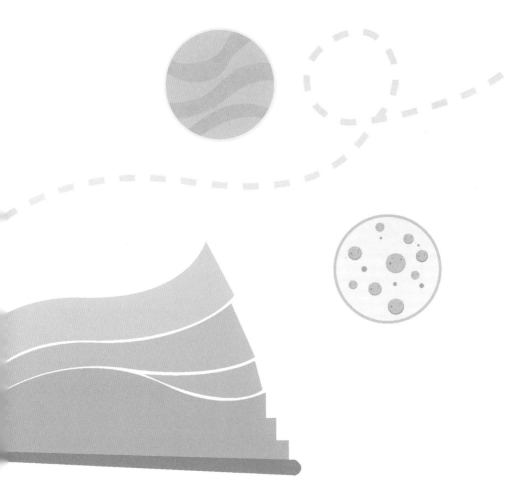

第3节 你了解太阳吗？太阳为什么会发光？

在距离地球1.5亿千米的地方，有一个好像无边无际的大火球，它的直径约是地球直径的109倍，质量约是地球的33万倍，体积约是地球的130万倍。这个大火球已经猛烈地燃烧了约46亿年，它像一个持续运转的发动机，不断地给整个太阳系输送光和热，如果没有它，整个太阳系将是一片黑暗，没错，它就是太阳。

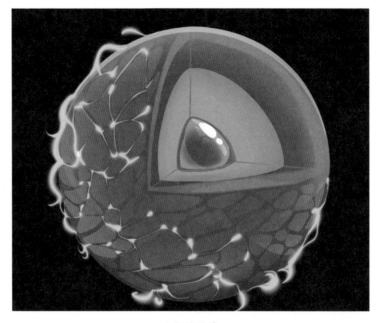

太阳的构造

那么问题来了，太阳为什么能持续地发光？这还得从太阳的构造讲起。我们首先要了解太阳的组成成分，太阳由75%的氢元素、24%的氦元素组成。太阳核心处的温度高达1500万℃，压力相当于3000亿个地球表面大气压，在这种极端高温和高压条件下，氢原子会发生热核反应。在这个反应中，有一部分的质量会转化成热量。

这个原理如同人类制造的氢弹爆炸，而太阳就是一个核聚变反应堆。太阳每秒要消耗6.3亿吨氢，其中损失的420万吨质量会变成3.8×10^{26}焦耳能量，一秒

钟相当于爆炸20亿~30亿颗氢弹。因此，我们可以形象地说，正是太阳内部不断发生"氢弹爆炸"，我们才有了持续长久的温暖和光明。

而且现在太阳处于主序星阶段，它的光度在缓慢地增加，表面温度也在缓慢提升，只不过这种过程真的很慢，以致我们人类尚未感受到差别。

你相信吗，地球上接收到的太阳能仅仅占太阳全部辐射能的约20亿分之一！即使将地球内部所有储藏的煤炭、石油、天然气等化石能源都加起来，总能量也赶不上太阳哪怕一秒所释放出来的能量。

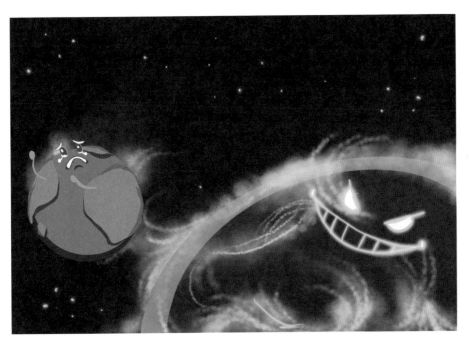

太阳成为红巨星想象图

正因为如此，太阳的寿命取决于内部氢元素的多少和燃烧的速度。恒星质量越大，寿命越短；恒星质量越小，寿命越长。太阳是一颗黄矮星，已经燃烧了约46亿年，再继续燃烧约50亿年后，太阳的氢元素将会消耗完毕，届时太阳的核心将发生坍塌，外层膨胀，并将一部分大气抛向太空，因为它没有足够的质量产生超新星爆发，那么它将进入红巨星阶段，最外层甚至可以到达地球，也就是说水星与金星将被它吞噬。

而经过至少几百万年的红巨星阶段，太阳的内核将会继续坍塌，直到变成一颗白矮星，当它所有燃料全部燃烧殆尽，就会变成行星状星云。

　　然而，这并不一定是太阳的终点，也许它还将再次经历一次生命的终结，那就是变成黑矮星。因为近几年有的科学家认为，在大部分恒星的演化尾声，它们最终都会变成一种新的天体——黑矮星。

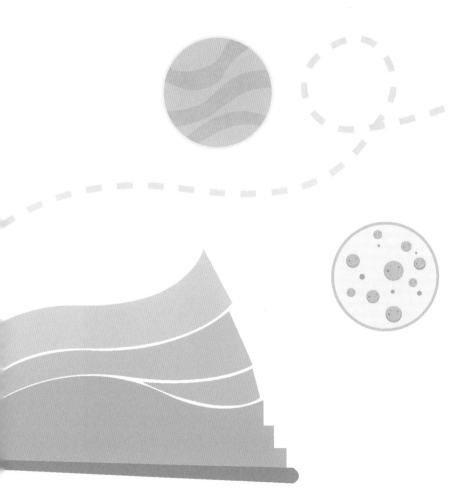

第4节 太阳为什么会长"雀斑"？

有的人脸上会出现一些褐色或黑色的小斑点，医学上称之为"雀斑"。有人发现自己面部有雀斑时会有些失落，但你知道吗，太阳也会长"雀斑"，这又是怎么回事呢？

当我们借助天文望远镜观察太阳时，有时会发现太阳表面出现一些类似"雀斑"的小黑点，这些小黑点实际上是太阳表面一种炽热气体的巨大漩涡。科学家把太阳表面的黑色"旋涡"叫作"太阳黑子"。

在我国古代，不少史料记载过太阳黑子，比如《汉书·五行志》记载："成帝河平元年三月乙未，日出黄，有黑气，大如钱，居日中央。"而亚里士多德则认为太阳是完美无缺的，是不可能有黑点的。即使后来的科学家发现太阳上有

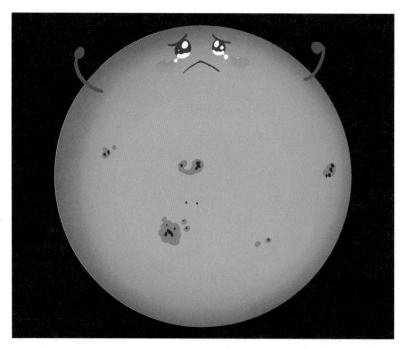

太阳黑子

黑点，他们也都更倾向于认为这些黑点是水星凌日或者金星凌日。但随着望远镜的发明和使用，伽利略发现，黑子是太阳表面非常普遍的现象。自此开始了对太阳黑子的常规观测。

太阳黑子其实并不黑，只是因为它的温度比太阳光球的温度低，所以才在明亮光球背景的衬托下显得暗、显得黑。那么，太阳黑子的温度为什么低呢？

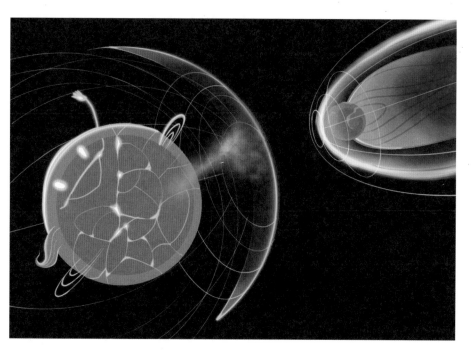

太阳的高能带电粒子掠过地球

那是因为太阳上有磁场，而太阳黑子区域是磁场聚集区域，强磁场能抑制太阳内部能量通过对流的方式向外传递。故而，当强磁场浮现到太阳表面时，这个区域的温度缓慢地下降，低于太阳光球的温度，让这个区域看起来是暗的。从地球上看，太阳黑子就出现了。

科学家通过计算得知，最小的黑子直径也有1000千米，很多黑子比地球还要大！它们一般成群结队地出现，庞大的黑子群长度可以达10万千米。

太阳黑子极大期，大概每11年发生1次，太阳黑子发生时，会导致更复杂、更高速的太阳风（高能带电粒子）"吹"向太空。地球也会受到影响，比如气候的变化，对无线电通信信号的干扰。2024—2025年就是太阳黑子爆发的极大期，当它爆发时，抛出的高能粒子、带电辐射会影响我们的电子类产品、指南针、导航系统，甚至会影响到发射到太空的卫星。

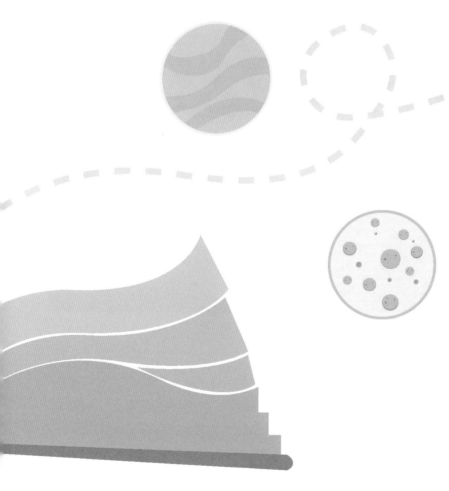

第5节 太阳的内部构造是怎样的？

太阳这个庞大的发光体内部在不断地发生"氢弹爆炸"，你肯定很好奇，它的内部结构是怎样的？和我们想象的一样吗？

太阳结构可以分为内部结构和大气结构两大部分。太阳的内部结构由内向外可分为内核、辐射层、对流层；大气结构由内到外大致可分为光球层、色球层和日冕层。

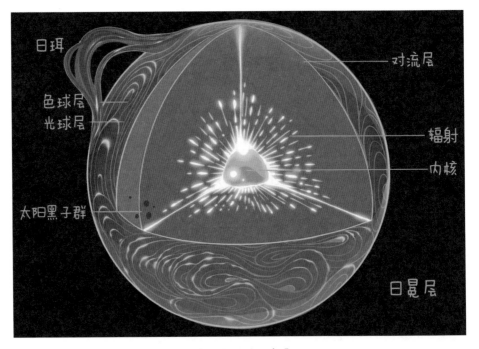

太阳内部结构示意图

第一层是太阳的内核，是核心部分，内核所占的区域比较小。"氢弹爆炸"就从这里源源不断地发生着，是产生核聚变反应、太阳能源的所在地。内核的温度是最高的，达到了1500万～2000万℃，这正是这里能发生核聚变的原因，高温和高压撕裂了氢原子，导致了核反应的产生。

第二层是辐射层，辐射层的区域占到了太阳体积的一半。猜想一下，内核的热源需要多长时间才能到达辐射层？答案是需要几万年甚至十几万年。太阳系的所有热源都是通过辐射层来向外传送的。值得一提的是，质量特别小的恒星是没有辐射层的。

第三层是对流层，对流层位于辐射层的外面，这里的温度、压力和密度的梯度都很大，内部的热量以对流的形式传送到太阳表面。而对流层除了通过对流和辐射传输能量外，这里的太阳大气湍流还会产生低频声波扰动，将机械能传输到太阳外层大气，从而产生加热和其他作用。举个现实的例子，炉子上的一壶开水，它的热量是通过水蒸气传送到空中。

第四层是光球层，也就是太阳表面，这里的温度约为5500℃，太阳黑子就是在这一层出现的。太阳的光球层是一层不透明的气体薄层，厚度约为500千米。几乎所有的可见光（人类看到的黄白光）都是从这一层发射出来的。

日全食

　　第五层是色球层，它位于光球层的上方，厚度达到 2000 千米，色球层发出的光不及光球层发出光的 1%，在发生日全食的时候，太阳边缘呈现出的玫红色光圈就是色球层。

　　最外层就是日冕层了，由高温、低密度的等离子体组成。它的亮度也很低，几乎与色球层一样，只有在日食的时候才能看到它。如果你想观察它，就要用到一种叫作日冕仪的仪器。日冕的形状是不固定的，它的形状和大小与太阳的活动有关，在太阳活动强烈时，日冕接近圆形；而在太阳活动平静时，日冕呈椭圆形，是不是很神奇？

那你觉得是最外层的日冕层热还是里面的色球层热？也许你猜错了，"越往里越热"这句话并不适合太阳，日冕层的温度高达100万℃，我们人类的帕克太阳探测器就曾经到过这里。

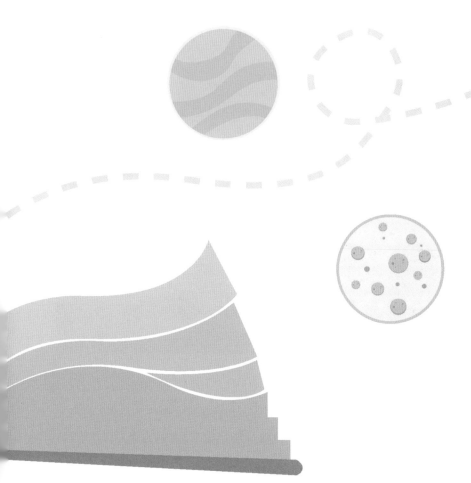

第6节 你了解太阳的"耳环"吗？

耳环是不是很漂亮呢？你知道吗，太阳有时也会戴上耳环，只不过这种耳环我们一般看不到，只有在特殊天象的时候才能看到。

当我们有幸欣赏日全食时，会发现一种神奇的现象：月亮逐步遮住太阳，天空开始变得昏暗，当月亮完全遮住太阳时，白昼如夜，此时的太阳只剩下边缘一圈红色的光环，这层红色的光环就是上节所说的色球层，而在色球层外缘，有时会发现巨大的红色火焰喷薄而出！这层红色的火焰就是太阳的"耳环"，科学家称之为"日珥"现象。

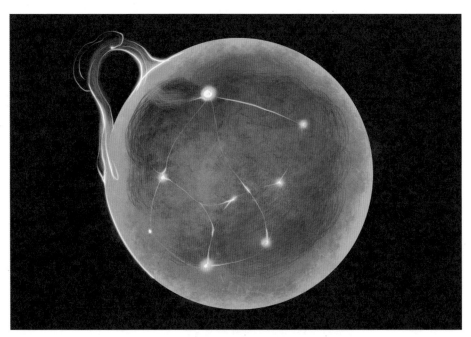

日珥现象

日珥是太阳活动中十分有趣的现象，因为其形状像耳环而得名。日珥是在太阳色球层上产生的一种非常强烈的太阳活动，是太阳活动的标志之一。在古代，人们就发现了日珥，给它取名为"冠珥""冠冕"。

爆发的日珥

日珥的主要成分是氢元素，它爆发的原因到现在也没有定论，科学家们依旧在研究。主流观点认为，在日珥产生的色球层上部，日冕的磁力线有局部的凹陷时，不再受太阳磁场束缚的色球物质就会沿磁力线方向运动，从太阳表面喷出后，因为太阳的引力而缓慢地回落到太阳表面。大部分日珥喷射出来后，会回落到太阳上，只有少部分的日珥物质被抛洒到太空中，向外扩散。

日珥通常分为3种，即爆发日珥、活动日珥和宁静日珥。

爆发的日珥翻腾时的速度十分惊人，我们的航天火箭发射的速度约为7.9千米/秒，而日珥的喷射速度可高达700千米/秒，是航天火箭发射速度的近90倍！我们观测到的最大日珥爆发是在2022年的2月，它被抛到300万千米的高空，而地球的直径还不到1.3万千米，也就是它差不多有250个地球直径那么高，覆盖的太空范围甚至达到了半个太阳那么大。

　　这种爆发日珥，持续的时间都比较短，过程大概只有几分钟。值得庆幸的是，这次日珥爆发的方向并不是朝向地球，一旦朝向地球，它形成的太阳风物质会对太空中的航天器，以及我们人类的日常通信造成不良影响。

　　除了爆发日珥外，还有活动日珥和宁静日珥。

　　活动日珥并不像爆发日珥那样暴躁，但也在不停地变化。它们像喷泉一样，从太阳表面喷出，又沿着弧形轨迹慢慢地落回到太阳表面，有些日珥喷得很快很高，喷出的物质不再落回到日面，而是被抛入宇宙空间了。

　　与另外两种日珥相比，宁静日珥显然不够活跃，它的变化速度比较缓慢。在100万℃的日冕中，宁静日珥甚至可以以丝毫不变的形状存在数月之久，真令人不可思议。

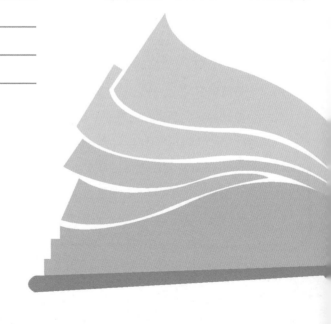

　　观测日珥也是需要特殊工具的，可以是日珥镜或太阳分光仪。提醒一下，不管是观测太阳的哪种活动，使用望远镜时都需要借助巴德膜，绝对不可以直接对着太阳观测，否则会给眼睛带来伤害！

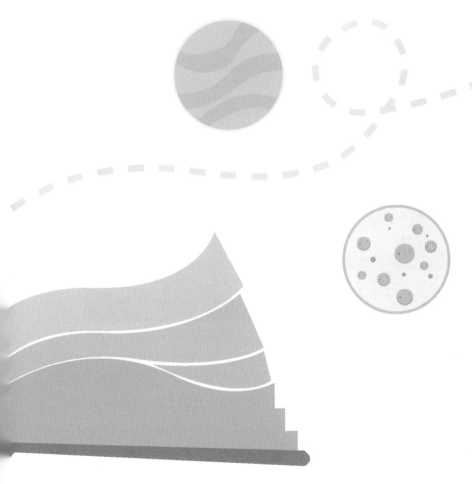

第7节 长跑冠军——水星

太阳系有一颗擅长跑步的行星，它比夸父逐日中的夸父还能跑。它刚一出现，不久又很快"消失"，有时在落日的余晖里闪耀一下身影，有时会跑到太阳升起的天空里。古人被它弄糊涂了，以为是两颗行星，后来人们才知道，它其实是同一颗行星，这颗擅长跑步的行星就是水星。

如果想观测水星，就必须在傍晚或者日出时找一个辽阔的、地平线附近没有遮挡物的地方。如果你在观测太阳的时候，发现太阳上有个小黑点，这个小黑点也可能是水星哦！

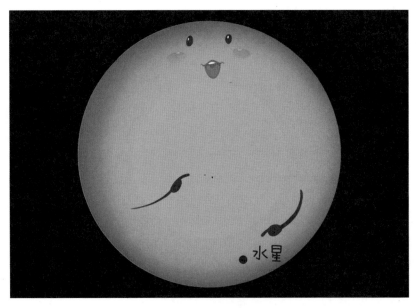

水星凌日现象

提到水星，经常会有人问，它叫水星，是不是上面有很多水呀？当然不是，水星之所以叫水星，是因为在古代，人们发现它看起来比较灰暗，而在中国的五行学说里，水对应的颜色偏黑，所以它被叫作水星。

思考一下，既然说水星是跑步冠军，那就说明它公转的速度很快，那到底有

多快呢？水星围绕太阳公转一圈为87.7天，也就是说在水星上一年等于87.7天，它绕太阳的平均运动速度为47.89千米/秒，要知道地球公转一圈是365天，地球围绕太阳运动的速度才30千米/秒。

那它为什么会跑这么快呢？最重要的原因是它离太阳实在太近了，受到太阳引力的影响最大，所以它在绕日轨道上跑得最快。而且也因为离太阳太近，它也没有足够的质量去吸引别的天体成为它的卫星，即便附近有小天体，也会被强大的太阳吸走，根本轮不到水星。

水星的正面与背面

因为靠太阳太近，水星的气候也很恶劣，大气层极为稀薄，无法有效地保存热量，白天面向太阳的一面受到太阳的炙烤，最高温度可达432℃，而背对太阳的一面最低温度居然为-173℃。温差高达600℃，温差巨大的水星，根本不适合任何生物生存。

虽然它离太阳这么近，而且人们认为这么高的温度下不可能有水的存在，水星上的任何物质都可以轻松地摆脱它的引力逃到太空，但根据近几年科学家们的观测，水星上还是有水的，它在水星的两极，太阳照不到的地方，存在着永久阴影区，这些区域常年处在-170℃的寒冷环境中，这里存在着大量的冰。

　　水星还有一个有趣的现象，它的自转速度很慢，慢得几乎快要睡着了。水星自转一圈需要59天，也就是说水星的一天相当于地球的59天。

　　水星表面和月球表面很像，布满了由陨石撞击形成的环形山。有些环形山还是以咱们中国人的名字命名的，比如，春秋时期的音乐家伯牙、唐代诗人李白和白居易、南宋女词人李清照、元代杂剧奠基人关汉卿、现代文学家鲁迅等。

第8节 水星上有季节变化吗？

水星上会有季节变化吗？要回答这个问题，我们必须先知道是什么引起了季节变化。

在地球上，我们的四季是因为地球赤道平面和绕太阳运动的黄道面有个交会的夹角，也就是说地球是斜着身子绕太阳公转的，这个夹角决定了地球表面在每年的不同时间接收太阳光照的热量是不同的。

因为地轴北极端始终对着北极星附近，这就造成春季太阳光直射在赤道附近，北半球较温暖；夏至时，太阳光直射到北回归线，北半球得到太阳光多，会炎热，南半球得到太阳光少，会冷。南北半球季节相反，如此周而复始，形成每年的四季变化。

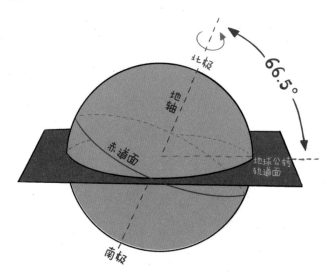

地球自转示意图

而水星的轨道倾角特别小，只有7°。要知道地球的轨道倾角是23°5′，八大行星中，水星的轨道倾角仅高于金星，简直可以忽略不计，而这也说明，它不同位置的光是按照赤道呈对称分布的，任何时间，同一个地方在白天所收到的光照是没有变化的，所以就没有四季啦！

　　说到这里，可能你有疑问，什么是赤道平面、黄道平面呢？赤道平面是指地球赤道所在的平面，而黄道平面是地球绕太阳公转所在的平面，这两个平面的夹角为 23°5′。使得地球在公转过程中，不同地区接收到的太阳直射光线的角度和时间长度发生变化，这就是四季变化的原因。

　　关于水星还有一个有趣的现象，叫作水星凌日。想要知道什么是水星凌日，我们要先明白凌日的含义。凌日即指太阳被一个小的暗星体遮挡。这种小的暗星体经常是太阳系行星。

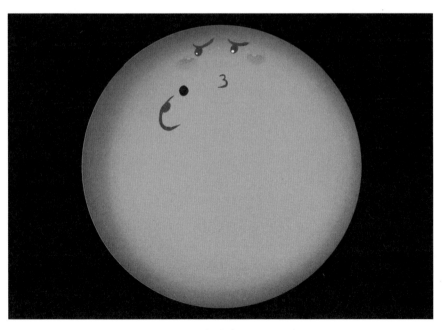

水星凌日

八大行星都在围绕太阳公转，如果把太阳的位置看作圆心的话，那么水星就在内圈的位置，当水星运行到太阳和地球之间时，我们就可以看到在太阳表面有一个小黑点慢慢穿过，这种天象就叫作水星凌日。水星凌日平均每100年发生约13次，时间大多在5月或11月初，下一次发生水星凌日的时间约在2032年11月。

开动脑筋想一想，八大行星中还有哪颗行星会出现凌日的天文现象呢？对，就是金星，金星是离太阳第二近的行星，它在公转的过程中，也会出现凌日现象，我们称为金星凌日。

还记得之前所说的吗？观察太阳时，不能直接用望远镜和肉眼观看，如果想观看水星凌日，可以利用望远镜，给望远镜加上滤光镜，从而保护自己的眼睛。

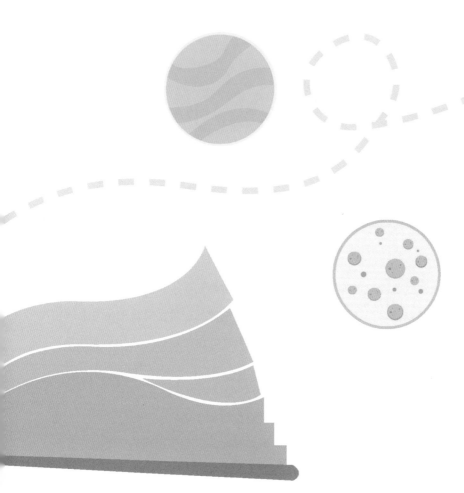

第9节 最闪亮的星——金星

夜空中最亮的星是哪一颗呢？

金星是夜空中除了月亮以外最亮的天体，在中国古代被称为"太白金星"。清晨金星出现在东方，我们称它为"启明"；而到了傍晚，它又出现在天空的西边，我们称呼它为"长庚"。

启明星在东方升起

为什么金星这么亮呢？作为一颗行星，它本身是不会发光的，它的光是反射的太阳光，之所以这么亮，一是因为它是最靠近地球的行星，而且大小与地球相仿；二是因为金星被大量白中透黄的云层包裹着，云层中包含了硫酸液滴及悬浮在混合气体中的酸性晶体，太阳光极易从这些光滑的液滴和晶体表面上反射回来，而云层将大约75%的阳光反射到太空，使它变得光彩夺目。

当然，这里的云层并不像地球的云层这般温和，金星的大气成分多为二氧化碳，云层的主要成分是硫酸。因为大气多为二氧化碳，会有很强的温室效应，金星也被称为八大行星中最热的行星，最高温度可达480℃。

金星也被称为地球的"姐妹星"，除了体积、质量与地球相仿外，科学家推测，几十亿年前金星也曾拥有广阔的海洋，温度适宜，那时的金星也许孕育过原始生命。但现在的金星环境却极其恶劣，它的表面覆盖着厚厚的大气层，而厚厚的大气层一边吸收着热量，一边又不让热量散发出去，导致金星的平均温度高达462℃。金星的大气层中二氧化碳含量超过96%，整颗星球被厚厚的硫酸云笼罩，时常降落巨大的具有腐蚀性的酸雨，所以人类最开始派出去的探测器都接受不了高浓度的硫酸腐蚀

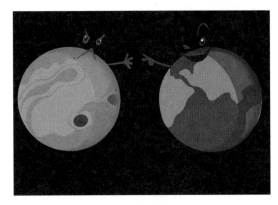

金星与地球

金星表面

而全军覆没。后来随着科技的进步，我们发明了更多、更厉害的探测器，它们的表面都使用了耐高温、耐腐蚀的材料，实现了对金星着落性的观察和研究。

由于硫酸云的存在，大量太阳光根本无法抵达金星的地面，所以在金星地面上其实很难看到太阳，只能偶尔看到硫酸云里的闪电雷暴和火山爆发的光线。金星上有成千上万座火山在不间断地喷发着，环境犹如地狱般恐怖。

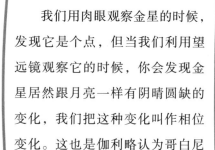

我们用肉眼观察金星的时候，发现它是个点，但当我们利用望远镜观察它的时候，你会发现金星居然跟月亮一样有阴晴圆缺的变化，我们把这种变化叫作相位变化。这也是伽利略认为哥白尼的日心说正确的有力证据。

　　像水星凌日一样，金星也会凌日，当金星运行到太阳和地球之间时，我们在地球上可以看到在太阳表面有一个小黑点慢慢穿过，不过绝大多数人一生中最多只能看到两次金星凌日，有的人也许一次也看不到。上一次发生金星凌日现象是在 2012 年 6 月 6 日，而下一次要到 2117 年了。

第10节 金星上太阳为什么会从西方升起呢？

太阳是从哪边升起呢？在地球上，太阳是从东方升起，从西方落下，而且在太阳系绝大多数行星上，都遵循"东升西落"的规律，但凡事都有例外，这个例外就是金星。

在金星上，太阳是从西方升起，从东方落下。这是为什么呢？

先问你一个问题，八大行星围绕什么运转呢？对，是太阳。那么当行星自西向东自转的时候，太阳此时是相对不动的。站在地球上的我们，因为感觉不到地球的自转，反而会觉得是太阳在转，以自东向西的方向转动。

而金星的自转方向跟地球相反，是自东向西自转的，那么在金星上，我们所看到的太阳就变成了从西方升起，从东方落下了。

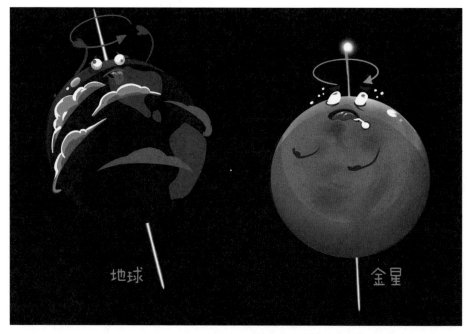

金星与地球的自转方向

　　可是金星为什么这么与众不同、特立独行呢？科学家们表示，原本在金星刚成为行星的时候，它跟其他行星一样，自转方向也是自西向东转，但在不久之后，金星就遭遇了一个天体的大碰撞，这场大碰撞几乎使金星垂直翻转了半圈，所以造成了这种逆向的自转现象。

金星遭遇大碰撞

当然在金星上看日出日落也不容易，因为金星的自转速度与水星一样，也很慢，那到底有多慢呢？金星的自转周期是243天。没错，要想在金星上看到一次日出，要等上243天，而且因为金星离太阳很近，在金星上看到的太阳是在地球上看到的太阳的1.2倍大！其实，这些都只是一种假设，而实际上站在金星表面是看不到日出日落的。想想这是为什么呢？原因是金星上厚厚的大气层阻挡了阳光的进入，在金星的表面很难看到太阳。

纵使金星跟地球在大小和质量上有很多的相似之处，但它仍旧不会成为我们移民的选择。

　　金星上除了高温、高压外，还有时常降落的硫酸雨，以及恶劣的环境。比如，在金星的大气层上方，有着速度高达320千米/小时的大气环流，这种大气环流极大地影响探测器的着陆；又比如，金星上的大气中二氧化碳的含量高达96%，人类根本无法呼吸……别沮丧，也许有一颗星球正等待着人类移民呢！

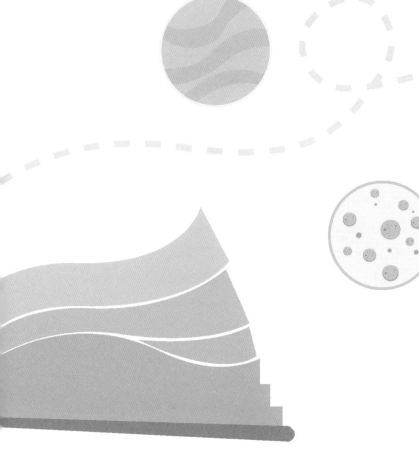

第11节 红色星球——火星

按照离太阳由近到远的顺序，火星排在第四，位于地球之后。那么，你觉得火星上面有火吗？

当然没有，古代人觉得它"荧荧如火，亮度与位置变化甚大使人迷惑"，所以又叫它"荧惑"。不过因为火星的表面被赤铁矿

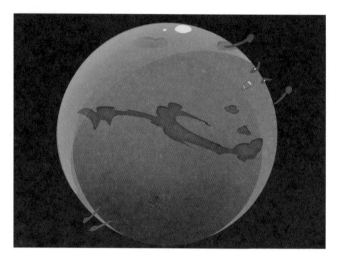

火星

覆盖，整个星球看起来是橘红色的，所以它也被叫作"红色星球"。

距今140多年前，天文学家使用最新研制出来的望远镜观测火星时，惊奇地发现火星表面上有些类似于地球上的"沟渠"，这很像人类挖掘的运河，难道火星上也存在生命？

在太阳系中，火星可以说是大明星了，关于它的新闻不断发生，人类的探测器不断地去探索火星，为什么偏偏是它呢？其实，火星和地球的环境很像。地球昼夜交替周期是12小时，火星也是；地球有四季变化，火星也有；地球有热带、温带和寒带的划分，火星也有；地球有积雪堆积的极地，火星也有……这些仿佛都在告诉我们，火星与地球在某些方面非常相似。

那火星上到底有没有生命呢？运河又是怎么回事呢？

人类的火星探测器已数次踏上了火星，其中就包括2021年登陆的首辆中国火星车——祝融号。通过探测器传回来的图像和数据发现，火星的表面一片荒凉，根本没有什么生命存在，而类似于地球上运河的地方也只是火星的自然景观而已。火星的大部分地区都是含有氧化物的沙漠，如果碰上猛烈的大风，整个火

星表面就会形成一场持续数周甚至数月的沙尘暴。但这些并不能说明火星以前没有生命存在过。

　　火星不仅在气候方面与地球相似，它的上面也有着山脉和峡谷。其中，火星上的奥林匹斯山是太阳系已知的最高火山，其高度是珠穆朗玛峰的 2 倍多。而火星上的水手号峡谷，则是太阳系中最长的峡谷，它有多长呢？它的长度甚至可以贯穿整个美国！

火星上的沙尘暴

火星的重力比地球要小，大概是地球重力的1/3，在火星上拿起同样的东西用力要比在地球上的少，也就是说一个在地球上体重为50千克的人，到了火星上，他的体重可能只有16千克，是不是很神奇？

地球上空的大气层厚度可达1000千米以上，而火星的大气层厚度仅仅约11千米，并且火星的大气层以二氧化碳为主，几乎没有氧气的存在。显然，如果人类想要移民火星，氧气就会成为一大难题，以现在的科技，人类在火星上是难以生存的。

但相对于其他行星上的恶劣环境而言，火星已经是最接近地球环境的行星了。而且通过近几十年对火星的探索，科学家们发现火星上曾经存在大量的水循环，通过雷达探测等手段，发现火星地下存在广泛分布的水冰，甚至可能是液体的盐水。如果人类想要移民，火星绝对是第一选择！

第12节 火星为什么是红色的？它有属于自己的天然卫星吗？

在地球上观察火星，它是一颗火红色的亮星星，探测器发回来的照片，显示火星也是一颗红色星球，它独特的火红色，自古就吸引着人们的目光，因此在古希腊的神话中，火星被称为战神。

思考一下，为什么火星会呈现出红色呢？火星之所以会呈现出火红的颜色，是因为火星表面很干燥，遍地都是红色的土壤和岩石。科学家经过对这些表面物质成分的分析得知，火星的土壤中含有大量的氧化铁，类似于地球上的铁锈。

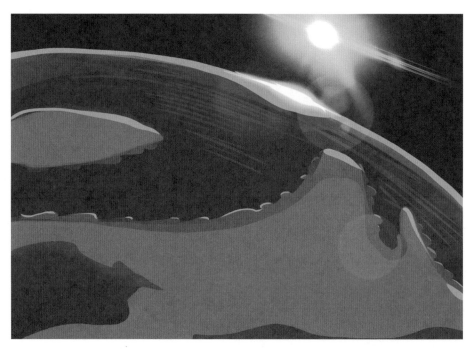

火星表面

科学研究发现，火星表面氧化铁的含量是地球的3倍，火星的表面并没有水，岩石和土壤中含有大量的铁元素，加上长期受太阳紫外线的照射，铁就生成了一层红色和黄色的氧化物。再经过太阳光的反射，火星就呈现出红色了。

　　水星和金星都没有属于自己的天然卫星，地球的卫星是月球，那么火星有属于自己的天然卫星吗？有，而且有两个，分别是火卫一和火卫二，但相对于月球的体积来说，火卫一和火卫二就太小了。

　　火卫一有个好听的外号——土豆星，它是一个形状不规则的小天体，外形有点儿像我们吃的土豆，它是太阳系中最小的卫星之一，直径只有 20 千米左右。2020 年我国发射的"天问一号"探测器，也发回了火卫一的清晰图片，其表面的条纹、陨石坑清晰可见。火卫一距火星平均距离约 9378 千米，火卫一与火星之间的距离也是太阳系中所有卫星与其主星的距离中最短的，它距离火星最近时只有约 6000 千米，要知道月球和地球的平均距离达到了约 38 万千米。

火星的两颗卫星

火卫二是太阳系中最小的卫星之一，直径只有13千米。根据对它的跟踪观测发现，火卫二居然在渐渐地远离火星。而火卫一则在加速运动，导致运行轨道离火星越来越近，也许数千万年后，火卫一不是撞向火星，就是分解，那时的火星也会有自己漂亮的光环了。

如果你仔细观察火星，会发现火星上的南半球和北半球有什么不同吗？火星南半球上布满了陨石坑，而北半球则是比较平坦的平原，为什么会出现这种差异呢？最新的证据指出，约40亿年前一颗巨大的陨石撞击了火星北半球，如果真的是这样的话，那么火星北半球的陨石坑则是整个太阳系里最大的陨石撞击坑。

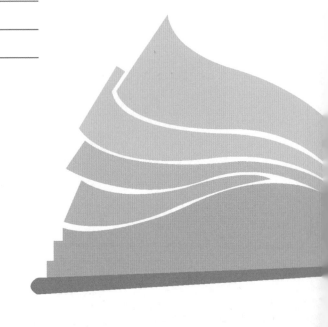

　　上节我们讲到人类想要移民，火星是第一选择。那你知道坐宇宙飞船从地球飞到火星需要多久吗？一般来说，在理想情况下，使用当前的技术，需要6～9个月的时间，依照目前航天飞机对燃料的载重要求，再加上宇航员往返火星所需的食物，目前的航天飞机恐怕还无法承载如此高的负荷，所以登陆火星的任务，任重而道远啊！

第13节 八大行星的老大哥——木星

木星是太阳系八大行星中体积最大、质量最大、自转速度最快的行星，体积相当于1300多个地球，其质量比太阳系中其他七大行星质量总和的2.5倍还要多。罗马人以主神朱庇特（Jupiter）来命名这颗行星，而中国古人则叫它岁星，因为它的公转周期是12年，类似中国古代历法天干地支纪年法。

在夜空中，木星是除月亮和金星以外最亮的星，不管它"巡视"到哪个星座，它都是最耀眼的那颗星，这也是古罗马人称它为"众神之王"的原因。

木星

与水星、金星、火星不同，木星是一颗气态巨行星，其主要成分是氢气和氦气，表面几乎没有固体，主要由气体和液体所组成。它可能有着实质的内核，被一层液态金属氢包覆着。木星上的气压非常高，而人类根本无法承受如此高的气压，所以人类暂时并没有登陆木星的打算。

作为一颗巨行星，木星也有着属于自己的光环，但不明显。通过大型望远镜我们可以观测到它的周围有一个很薄的圆盘，主要由亮环、暗环和晕三部分组成。木星的光环系统大部分都是由尘埃组成的。

在太阳系中，我们通常会把木星称为"老大哥"，它到底有多大呢？如果我们把地球看成一粒葡萄，那么木星就相当于一个篮球。如果木星能张开嘴巴，它一定能吞下太阳系里其他七颗行星。

远远看过去，木星就像一个略微被压扁的橄榄球，没错，它并不是一个圆球，它比地球扁很多，这个长相在太阳系中有点特殊。这是为什么呢？因为它的自转速度太快了！相比于金星243天的自转周期来说，木星简直就是一个灵活的大胖子，自转一周仅需9小时50分钟，正是因为自身的高速旋转，这个大胖子的两极已经略有扁平，而它的赤道却在膨胀，就变成了现在这般模样。

木星两极磁场产生的极光

刚才说木星的自转速度很快，于是它就产生了强大的磁场，木星的磁场强度是地球的14倍，是太阳系中除太阳外最强的磁场。如此强大的磁场，不仅创造了美丽的极光，也产生了非常强的辐射带，是地球辐射的数千倍甚至更高倍，任何接近它的航天器必须有防辐射装置，以降低辐射对航天器内部模块的影响。

"老大哥"不只是体积大，而且还会以身作则，是我们地球的好朋友。一些科学家认为，地球之所以能够维持数亿年的平安运转，离不开木星对我们的保护。它利用自身巨大的引力作用，吸引着来自宇宙中的其他小行星和彗星，保护地球免受它们的撞击，也使地球更适宜人类生存。

　　任何靠近木星的小行星都会被它"吃掉"，所以它也获封"太阳系真空吸尘器"的称号！但凡事都有两面性，木星在清扫小行星的同时，也受到了不小的撞击，可能会在其大气层中产生强烈的扰动、爆炸和能量释放，也导致木星上不会存在任何生命。

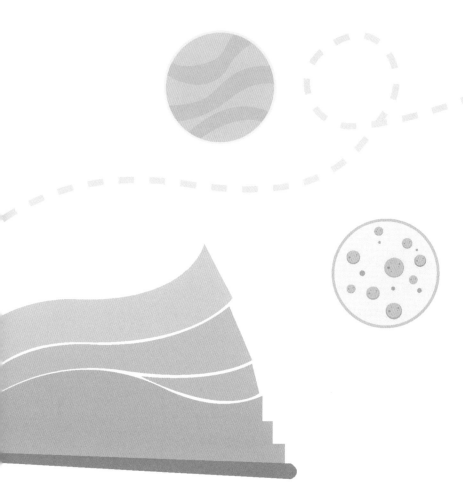

第14节 木星为什么被称为小太阳系？它的大红斑是什么？

400多年前，当科学家伽利略在用自制的望远镜观察木星时，发现有几颗天体在围绕木星旋转。后来经过人们陆续的观察，发现木星的卫星数量居然近100颗。其中木卫三是太阳系中除了太阳和八大行

伽利略正在用自制的望远镜观察木星

星以外最大的天体。木星的卫星数量众多，它们绕行木星的周期也不相同，从7小时到数年不等。

木星是由氢和氦组成，与太阳的组成成分一样，只不过因为木星质量小，引力不够大，所以无法成为一颗恒星。如果想成为恒星，木星至少要达到当前质量的80倍，才能引发核聚变。

其实很多科学家认为木星系统很像一个独立的小太阳系，因为无论是从它的大小比例，还是从它拥有的卫星数量来说，都跟太阳系相似。如果未来，木星能够吸引足够质量的物质，也许真的可以成为一颗小恒星。

木星还有个著名的标志，我们称它为"大红斑"。大红斑并不是固定的，它时常到处飘动。大红斑的颜色和大小也会经常发生变化，有时呈深红色，有时呈鲜红色，有时呈紫色，大红斑最大时能够容纳3个地球。大红斑为什么大多时候是红色的？这是因为大红斑的气流物质中含有大量的红磷化物，所以我们在地球上看到它呈红色。

木星大红斑

人们很是好奇，究竟大红斑里有什么？直到探测器到达那里才发现大红斑是太阳系不断发生最强烈飓风风暴的地方，它是一个持久性的反气旋风暴，风暴经常卷起8000米的云塔，可以说这里是木星上最魔鬼的地带了，这场风暴已经持续肆虐木星300多年了，且从未停止过！

木星表面的横向条纹状云带

　　在这么长的时间里，大红斑的位置虽有所移动，块头虽有所变化，却始终是一个巨无霸。那么，这种令人惊讶的稳定性是什么原因造成的呢？现在主流的科学思想认为其原因有两点：首先，木星是个气态巨行星，大红斑不会像地球上的飓风那样因为受到固态地面的阻碍而快速衰减；其次，大红斑上方和下方的云层中分别有往西和往东两股对向的巨大气流，使得大红斑仿佛是夹在两个运动平板之间的球，可以自然而然地维持滚动。

　　当我们认真观察木星时，会发现木星上布满了横向的条纹状云带，这是木星所特有的天文现象。这些条纹状云带的色彩经常会出现变化，亮带变暗为暗纹，暗纹增亮而转变为亮带。为什么会出现横向的条纹，而不是竖向的条纹呢？这跟木星的自转有关。在木星上，赤道的自转速度和南北极的自转速度相差很大。这里不同纬度有不同的自转速度，从而使木星表面大气出现了水平运动形成的条纹。

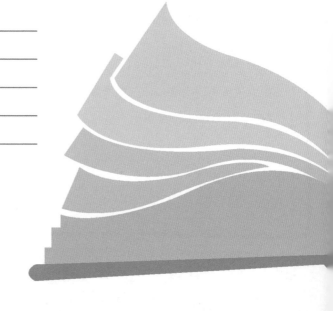

读到这里，你是不是觉得木星很神奇？其实木星还有更多的奥秘，等待你们去探索！

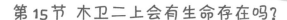

第15节 木卫二上会有生命存在吗？

在木星的近100颗天然卫星中，有一颗最明亮的卫星，而且是太阳系中一颗与众不同、特别引人注目的星球，没错，它就是木卫二——欧罗巴。它的大小与月球相仿，木卫二与木星的关系正如月球与地球的关系一样，木卫二被木星的潮汐锁定，永远只有一面朝着木星。

木卫二之所以如此明亮，是由于它的表面有一层厚厚的冰壳，这层冰壳上布满了纵横交错的条纹。木卫二表面的陨石坑较少，科学家们推测可能在相对较近的时期内，被撞击出的陨石坑被火山活动或地质构造运动重新给抹平了。可以说，木卫二是太阳系中最光滑的天体。

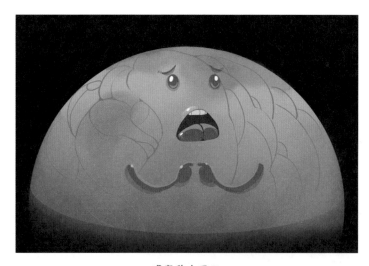

明亮的木卫二

木卫二的内部活动非常活跃，在其冰壳下面隐藏了一个太阳系中最大的液态水海洋。要知道，在整个太阳系中，拥有大量水资源的星球，除了地球，屈指可数。据推测，木卫二的海洋深度可达60~150千米，蓄水量是地球的2倍左右。要知道，地球最初的生命也是在海洋之中孕育的。

　　除了水，木卫二稀薄的空气中可能存在少量的氧气，木卫二几乎具备了生命诞生的所有条件。但不同于地球大气中的氧气，木卫二的氧气并不是生物形成的。科学家们推测木卫二上的氧气可能是由于木星的带电粒子撞击木卫二的冰质表面而产生水蒸气，最后分解成氢气和氧气。氢气脱离，留下了氧气。但不管怎么说，氧气是生物赖以生存的物质之一，有了氧气才有可能有生物体。

　　在木卫二上，科学家们还发现了一个不可思议的现象，它上面有间歇性喷发的喷泉，喷泉高度可达数千米，喷泉可以持续数小时，这也是木卫二冰冻表面下隐藏着一个巨大海洋的最好证据。这种喷泉有周期性可查，每次喷发时间约7小时，科学家推测这可能是木星对木卫二的潮汐作用引起的。

木卫二上的喷泉

由于距离太阳较远，木卫二上的平均温度很低，即使在木卫二的赤道上，温度也只有-163℃，这个温度不适合人类生存，但其次表层可能存在微生物。

当然，即使木卫二有生物，也很可能是原始简单的生命体，因为像人类这种智慧生命需要几十亿年的演变才能出现。

不过在40亿～50亿年后，太阳将膨胀成红巨星，或许会淹没金星轨道，地球甚至也可能被吞没，而木卫二的冰壳则会因为太阳的靠近彻底融化，形成自给自足的全球性海洋。在太阳逐渐消亡的过程中，木卫二或许会成为最后的生命存在之处，孤独地守望着太阳系的谢幕。

中国计划2030年左右发射木星探测器，希望到时可以给我们带来惊喜。

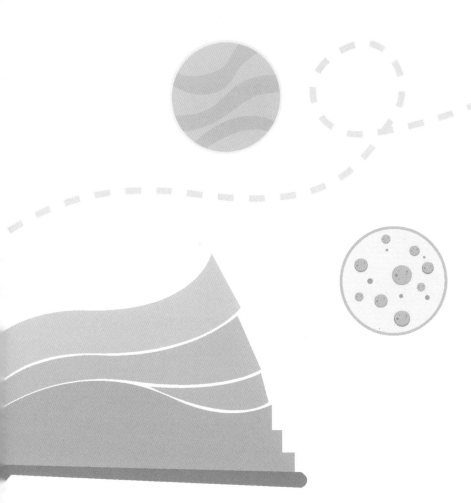

第16节 最美的光环星球——土星

土星是太阳系的八大行星之一，位于木星之后，是离太阳第六近的行星。与木星一样，它也是一个气态巨行星。你知道它有多大吗？

土星的直径约为116 000千米，是地球的9.5倍，是太阳系第二大行星。因为它

土星

在夜空中看起来是黄色的，古人根据五行学说称它为"土星"。

我们又称土星是太阳系最美丽的星球，你知道这是为什么吗？

当你在地球上用望远镜观测土星的时候，会发现它拥有一个巨大的并且是太阳系里最亮的光环，这个光环围绕着明亮的土星，像给它一个温暖的拥抱。这个温柔的光环是由很多层细细的光环组合而成的，每一层都是由无数冰块和岩石颗粒构成的。

科学家推测在土星形成的早期，天体之间发生碰撞，从而产生了很多碎片，这些碎片有的如同尘埃般渺小，有的如同山那么高大，大大小小的碎片被土星引力所吸引，形成了围绕着土星运转的光环，在太阳光的照射下，就变成了我们看到的光彩夺目的土星环了。

土星以平均每秒9.69千米的速度斜着身子绕太阳公转，轨道也是椭圆形，它公转一圈约需29.5个地球年。虽然它的公转速度较慢，但它的自转速度却很快，自转一圈仅需10小时33分钟，是整个太阳系中自转速度第二快的行星。（还记得自转速度最快的行星吗？）

　　土星主要由氢元素组成，还有少量的氦元素与微量元素，土星没有明确的外表面，土星内部的核心包括岩石和冰，外围由数层金属氢和气体包裹着，这也是它被叫作气态行星的原因。

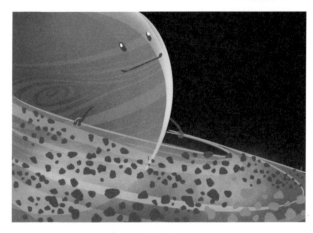

土星的光环

　　土星的表面温度约为-140℃。鉴于土星表面温度较低，而土星的引力又大，土星便保留几十亿年前它形成时所拥有的全部氢和氦。因此，科学家认为，想要了解太阳内部活动及其演化，研究太阳系初期的原始成分，可以用研究土星的成分来代替。

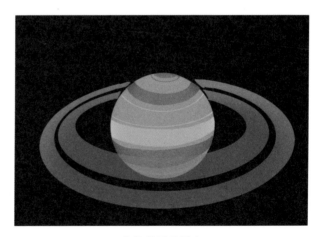

土星美丽的极光

土星已知的卫星数量达145颗，是太阳系拥有天然卫星最多的行星。在木星这个"老大哥"面前，土星很多时候都要屈居老二，但在卫星数量这个项目上，土星赢了！

土星上有很多美丽的景象，除了它的行星环，还有两极的极光。土星极光每天都在变化。有时能伴随土星自转而运动，有时却又保持静止；它有时发亮能持续好几天，跟地球上的极光并不相同。科学家们认为土星极光的形成是太阳风、土星磁场、自转，以及大气层特性等多种因素共同作用的结果。

土星还有一个有趣的外号，叫作"气态虚胖子"，那它到底有多"虚"呢？它的密度是太阳系中八大行星最小的，比水的密度还小，所以土星很轻。如果可以把土星放到海洋中，那它一定可以漂浮在海面上！

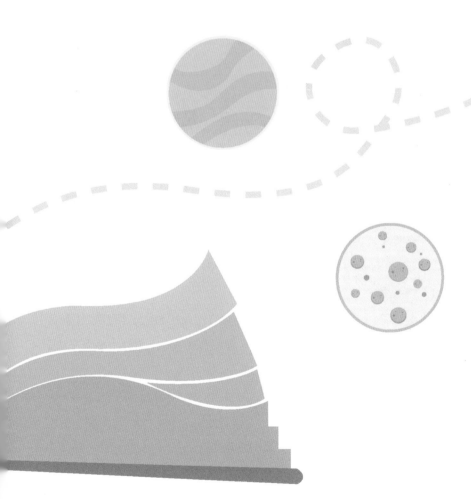

第17节 "光彩夺目"的土卫二与土卫六

还记得前面所讲的与众不同的木卫二吗？在土星的卫星中，也有两颗特别的卫星，那就是土卫二和土卫六。

土卫二是一颗相对较小的卫星，直径约为505千米，只有月球直径的1/7。别看它小，通过研究发现，土卫二上的很多元素和地球相

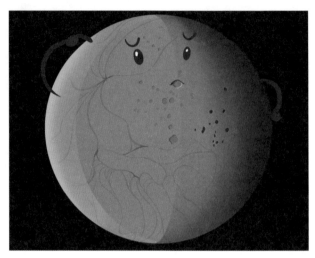

土卫二

似，比如海洋和水，种种证据表明它似乎适合生命的繁衍，可以说具备了生命所需的所有元素。

为什么说土卫二具备了生命所需的所有元素呢？我们一起来看一看。

土卫二的地下是一个海洋的世界，还记得木卫二上喷发出的羽毛状的喷泉吗？土卫二上也有喷泉，通过分析，科学家们认为可能是地下水。而它的表面被冰层覆盖着，所以呈白色，几乎能够反射99%的太阳光，因此土卫二也成了太阳系里最亮的天然卫星之一。

土卫二上近乎真空，大气稀薄到可以忽略不计，这是因为它本身引力太小，不能有效地束缚住气体，再加上它的温度太低，即使存在大分子气体，也会变成冰的形态。

土卫二上存在较为年轻的因地质活动造成的扭曲的地形构造，这一点跟地球很相似。

鉴于以上证据，土卫二现在也成了土星探测的重点之一。

　　土卫六又被称为泰坦星，是土星最大的卫星，它的个头比水星还要大，直径达5200千米，它是太阳系唯一一个拥有浓厚大气层的卫星，因此被高度怀疑有生命体的存在。

　　由于土卫六的引力较小，无法紧紧地抓住大气，所以相较于地球来说，它的大气层高度较高，大气层的外延空间差不多是地球的10倍。

　　天文学家认为，土卫六上分布着众多由液体甲烷和乙烷构成的湖泊，它是太阳系中与地球最相似的天体。

土卫六上的液态湖泊

虽然土卫六上的气温极低，非常寒冷，但它上面有风、有雨、有河流，这与地球的相似度又增加了几分。科学家们推测，土卫六上存在液体循环，即从云层下雨，流过土卫六的表面，然后充满湖泊和海洋，最后又蒸发回空中，周而往复。

通过持续的观测，科学家们发现土卫六正在缓慢地远离土星，也许在数亿年之后，它会脱离土星的束缚，飘荡在太阳系中。

　　科学研究发现，土卫六简直就是十几亿年前的地球。在某些方面，土卫六可以被视为一个时光机，有助于我们了解地球最初期的情况，揭开地球生物的诞生之谜。

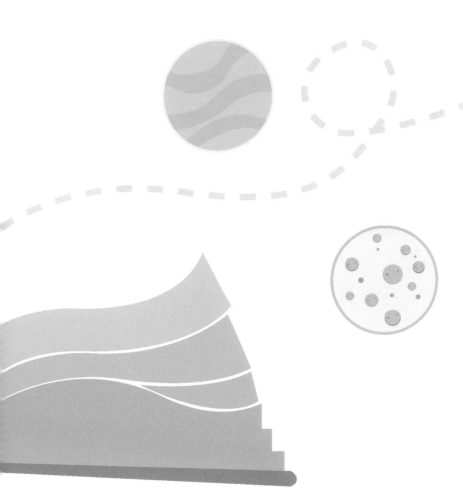

第18节 被误认为是彗星的行星——天王星

在天王星没有被确认为行星之前，欧洲天文学家威廉·赫歇尔认为它是一颗彗星。当他用自己制造的天文望远镜观察夜空时，发现了一颗淡绿色的星星，经过几天的详细跟踪观察，他认为这是一颗彗星。可是彗星怎么会没有尾巴呢？不久，真相就浮出了水面，这个淡绿色的光点不是一颗彗星，而是一颗行星。就这样，太阳系的新成员出现了，没错，它就是天王星。

威廉·赫歇尔（1738—1822年）在1781年发现了天王星

天王星是太阳系的第三大行星，直径为50 724千米，是地球的4倍，大小仅次于木星和土星。天王星也属于气态巨行星，但与土星和木星的内部及大气构成不同，有很多"冰"的存在，因此天王星又被称为"冰巨行星"。而因为它距离太阳较远，我们也称它为"远日行星"。

天王星大气的主要成分是氢和氦，还包含由水、氨、甲烷等结成的"冰"，以及已经被我们探测到的碳氢化合物。天王星的内部则是由冰和岩石所构成。

天王星外部的大气层具有复杂的云层结构，水在最低的云层内，而最高处的云层由甲烷组成。

天王星是太阳系内大气层最冷的行星之一，能接收到的光照强度只有地球的1/400，有记录的最低温度为-224℃。

科学家最新研究发现，天王星表面覆盖着巨大的液体钻石海洋，其中一些固态的巨大钻石块相当于冰山大小。听到这里，你是不是特别想去天王星上探索一番？不过以现在的科技发展程度，我们人类还无法到达这么远的地方，即使探测器飞过去，最快也需要七八年。

天王星自转一圈需要17个小时，由于距离太阳很远，它的轨道也很长，围绕太阳公转一圈就需要花上84年，这里的一年，跟人类一生的寿命差不多了。

天王星

已知天王星有28颗卫星，大部分都是由冰和岩石组成。

在天王星的外围有一个暗淡的行星环系统，由直径约10米的黑暗粒状物组成。这是继土星环之后，在太阳系内发现的第二个环系统。

虽然它的环不是很明显，但在望远镜里，可以看到它的真面目。天王星环由水和冰组成，并添加了一些经过暗辐射处理的有机物。2016年，科学家发布的一项研究表明，天王星的环，以及土星和海王星的环，可能是类似冥王星这种矮行星的残余物质。这些矮行星在行星巨大的引力中被撕裂，以环的形式保存了下来。

关于天王星有一个有趣的话题，就是它身上有一股臭鸡蛋的味道，你知道这是为什么吗？是因为它从不洗澡吗？当然不是，原因是天王星大气层中包含一种名叫硫化氢的化合物，大量的硫化氢才是让它发出臭鸡蛋味的"元凶"。

　　天王星是一颗很漂亮的蓝色星球，而且它还被称为最懒的、最顽皮的星球，你知道这是为什么吗？答案就在下一节！

第19节 天王星为什么是蓝色的？又为什么被称为最懒的星球？

用太空望远镜观测，天王星通常呈现出蓝绿色，不过这种蓝色和地球的蓝色不一样。地球的颜色具有多样性和复杂性的特点，蓝色与白色相互交织；而天王星的颜色更加单一，是一种较为独特的蓝绿色。

这是为什么呢？首先我们要了解光和色的关系。

如果问你，太阳光是什么颜色呢？是白色的还是黄色的？太阳光其实是由红、橙、黄、绿、青、蓝、紫这7种颜色交叉而成的。有没有觉得这7种颜色很眼熟？对，它其实也是彩虹的颜色。雨后，当太阳光照在大气层中时，阳光被雨滴反射和折射，就形成了彩虹。

行星呈现出的不同颜色与它们的大气构成有关，天王星的大气层中含有很多的甲烷，而甲烷可以吸收太阳光中的红色和橙色等颜色，这样，经过天王星大气层反射后的太阳光，主要以蓝色和绿色为主，所以从地球上看天王星，它就是蓝绿色的。

彩虹

　　除了是一颗蓝色星球外，天王星最引人注目的是它围绕太阳公转的姿态。其他行星都是"站"着转，而天王星却像个顽皮的孩子，"躺"在轨道上运动。因此，天王星南极和北极忍受着太阳光的炙烤，季节变化也完全不同于其他星球，所以天王星又被称为最懒的、最顽皮的行星。那么，为什么天王星会躺着运动呢？科学家猜测，很可能是天王星在刚刚形成时，一颗比较大的原行星撞击到了天王星，从此它再也没有"爬"起来，造成了它的转轴倾斜。

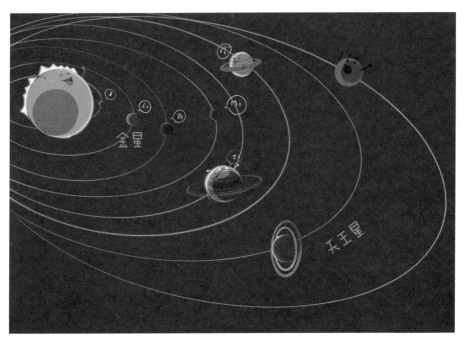

躺着运动的天王星

　　天王星奇特的运动方式造就特殊的昼夜交替和季节变化。昼夜方面：天王星的自转轴近乎水平，导致其昼夜现象极为特殊。天王星的一年当中，每个极点几乎有一半的时间（42个地球年）一直处于白昼，另一半时间则一直处于黑夜，这种极端的昼夜时长是其他行星所没有的。

　　季节方面：由于自转轴的大幅度倾斜，天王星的季节变化异常漫长且极端。当某个极点朝向太阳时，就会经历长达21年的夏季，随后是同样约21年的冬季。而从一个极点的冬季过渡到另一个极点的夏季，中间的过渡季节也长达42年。这意味着在天王星上，一个完整的季节循环大约需要84年。

　　由于天王星距离地球实在太远，到目前为止，也只有区区几个探测器飞掠过它。期待你们的成长，也许未来中国探测器的发射有你的力量！

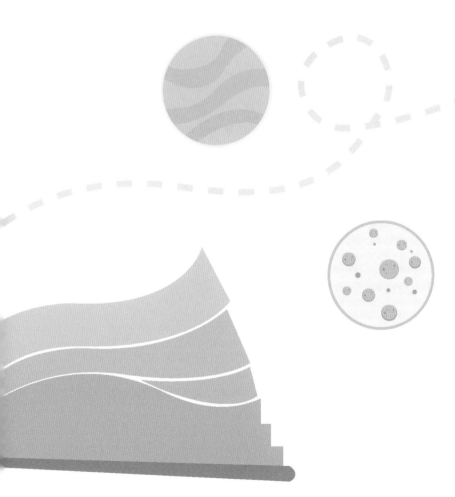

第20节 太阳系最边缘的行星——海王星

海王星是太阳系八大行星之一，也是已知太阳系中离太阳最远的行星。海王星到太阳的平均距离约45亿千米，是地球到太阳距离的30倍。海王星围绕太阳公转一圈需要164.8个地球年，自转周期大约为16小时，质量为地球的17倍，体积约等于57个地球。

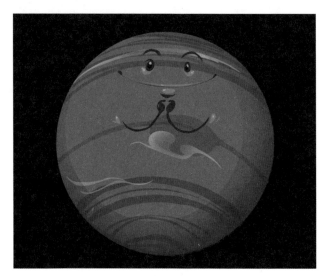

海王星

海王星的大气层主要以氢气和氦气为主，海王星也属于气态巨行星。海王星跟天王星一样，也是一个冰巨星。

海王星大气中含有微量的甲烷，这是它呈蓝色的原因之一。那么，海王星为什么会呈深蓝色呢？海王星上有着活跃的大气层，风速高达2100千米/时的强烈风暴将气态的甲烷搅动到雾霾层。在雾霾层里，气态甲烷凝结在雾霾颗粒上，于是就产生了甲烷凝结雪。这种剧烈的活动会使海王星厚重的雾霾层变薄，从而使它看起来比"平静的"天王星更蓝。

因为距离太阳最远，能接收到的太阳光很少，海王星的云顶温度最低可达−218℃，也是太阳系中最冷的星球之一。

虽然它的气态表面非常冷，但它却有着一个温度高达几千度的内核，内核的热源现在仍然是未知的。

海王星有一个外号，即"钻石星球"，这是为什么呢？

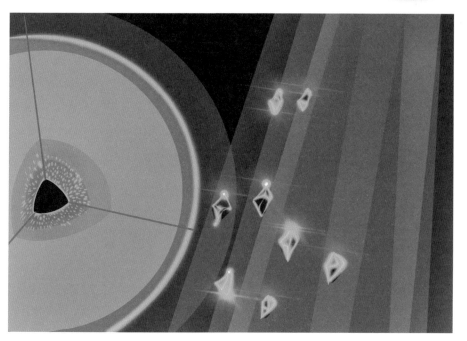

海王星的内部构造

根据科学家的最新研究，海王星上存在着不少的碳元素，而且碳元素在高温高压条件下会形成一种单质晶体金刚石，也就是我们说的钻石，所以在海王星上随时都会下起"钻石雨"，而那些位于海王星内部的钻石，在高温高压环境下一部分会被液化。想象一下，在海王星的内部，可能存在着一个拥有大量液态钻石的"海洋"，在海面上可能还漂浮着像冰山一样的巨大钻石。

当然即使海王星上真的有钻石，以人类目前的能力，还是无法到达那里，即使到达海王星，也无法适应那里强烈的风暴和持续的低温。

很多气态巨行星都有属于自己的环，海王星也有，可是它的环由尘埃构成，非常微弱，而且随着时间的流逝，它的环在逐渐"消失"。

海王星拥有16颗已知的天然卫星，其中海卫一是一颗很特殊的卫星，它是太阳系中少数已知具有活跃地质活动的卫星之一，其表面地质多样，有广阔的平原、起伏的山地、深邃的峡谷以及各种撞击坑，还存在一个薄弱的氮气大气层。

海王星有着跟地球类似的倾斜角度，所以四季较明显，不过它的每一个季节都会持续40年之久。

由于海王星并不是由单一的固体物质构成，所以当它自转时，就产生了一个很有趣的现象：赤道地区大约18小时转一圈，而两极地区大约16小时转一圈。

目前，只有旅行者2号宇宙飞船曾造访过海王星，它在太阳系中飞行了将近12年，才靠近海王星，为我们传回了有关海王星的第一手资料。

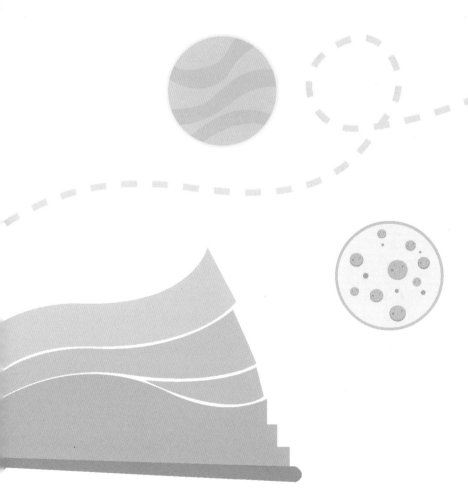

第21节 为什么说海王星是笔尖上发现的星球？它的黑眼睛是什么呢？

根据牛顿万有引力定律，行星在绕太阳运转时，如果仅受太阳引力影响，将沿着固定的轨道运动。但如果还受到其他天体引力作用，其运动轨道就会偏离原来的轨道。但当天文学家观测到天王星的运行轨迹时，却发现了异常，

约翰·格弗里恩·伽勒、约翰·柯西·亚当斯和于尔班·让·约瑟夫·勒威耶

它的实际公转轨道和理论运行的轨道存在一定差距，它肯定受到了未知天体的引力影响。

于是他们猜测在天王星的轨道外，肯定有一颗没有被发现的行星，它正和人类玩着"捉迷藏"的游戏，而且不断地用引力影响着天王星的运动。

这颗和天文学家玩着"捉迷藏"游戏的行星，离地球非常遥远，甚至比天王星还遥远，它的光芒也很微弱，想要在茫茫宇宙中找到它的踪迹，肯定是一件很困难的事情。谁也没有想到，居然有3位年轻的天文学家攻克了这一难题，他们不是用望远镜观察到的，而是用笔和纸"找"到了这颗遥远的行星。他们通过不断地计算、观测，根据数据来预测海王星将出现在天空的位置，终于将预测观测位置和实际观测位置的角度误差缩小到了1°！

　　这3位年轻人分别是德国天文学家约翰·格弗里恩·伽勒、英国天文学家约翰·柯西·亚当斯和法国天文学家于尔班·让·约瑟夫·勒威耶。所以海王星又被称为"笔尖上的星球"。

　　还记得木星的"眼睛"——大红斑吗？海王星也有"眼睛"，只不过是黑色的，被称为"大黑斑"。那么，大黑斑是什么呢？科学家们推测这可能是一个巨大的能摧毁地球上任何物体的风暴，但是大黑斑很神奇，它不仅会分流，还会改变方向。

海王星的黑眼睛与地球

对于人类来说，海王星是一个恐怖的星球，除了它的低温和高压外，它还有着太阳系中最强大的风暴。虽然对风暴的形成原因，科学家们目前还没有准确的结论，但推测应该与海王星内部的能量有关。毕竟海王星离太阳太过遥远，如果仅仅是从太阳那里接收热量，还不足以形成这么巨大的风暴，所以在海王星内部一定有巨大的能量制造这些风暴。

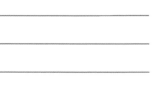

这个巨大的能量，不仅在制造风暴，也在维持着整个海王星的运转，只是我们还不知道这个巨大能量的来源和制造方式。

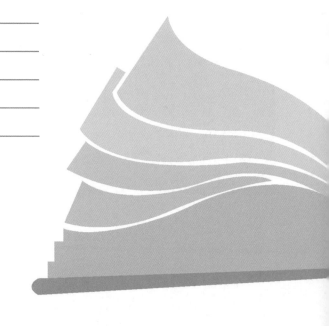

由于距离的原因，航天器到达海王星的时间最快也需要12年左右，所以人类暂时还没有探索海王星、降落海王星的计划。现阶段对海王星的研究，更多的是通过太空望远镜进行的。

第22节 小行星"生产基地"——小行星带

天文学家在计算行星轨道时，发现火星和木星之间，行星的轨道分布存在一些异常，这里存在一个巨大的空隙。早在200多年前，就有天文学家提出，这一区域也许还隐藏着一颗行星。

1801年，意大利天文学家朱塞普·皮

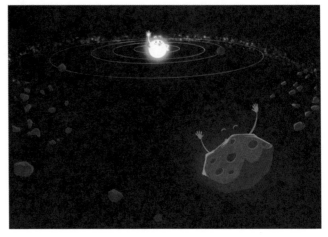

谷神星与小行星带

亚齐在进行天文观测时，发现了一颗在星空中移动的天体。他最初以为这是一颗新的行星，经过持续观测和计算，确定这是一颗小行星，这就是著名的"谷神星"。随后另一颗行星——"智神星"也在这个地方被发现了。没错，这个地方就是位于火星和木星之间巨大空隙处的小行星"生产基地"——小行星带。

谷神星在小行星带里，个头实在太大，2006年，天文学家又将谷神星定义为矮行星。

虽然谷神星后来被划分到矮行星的行列，但随着观测，科学家在小行星带发现了更多的小行星。迄今为止，已经有12万颗小行星被编号，有大约50万颗被观测到，人类发现的98.5%的小行星都在小行星带上。

在小行星带上，除智神星、婚神星和灶神星个头略大外，其余小行星个头都很小，有些小行星的直径只有几十米甚至更短。

为什么会在火星和木星的轨道之间形成一个如此庞大的造星工厂呢？主流观点认为，在太阳系形成初期，通过吸积，微尘逐渐变大，形成了一群星子，它们本来可以继续吸积，进而成为一颗新的岩石行星或气态巨行星。然而，由于木星

巨大的引力作用，阻碍这些星子形成行星，也造成了它们的互相碰撞，形成了许多残骸和碎片，所以形成了现在的小行星带。

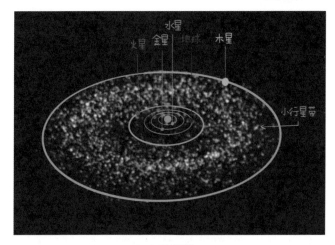

小行星带

然而，现在我们看到的小行星带，不过是原始状态的千分之一，这说明小行星在重力的作用下，不断地被分解和抛出。

那么问题来了，当人类发射的探测器穿过小行星带时，这些探测器会不会被撞击呢？答案是不会。

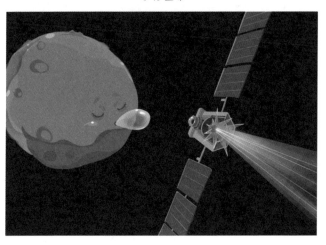

航天器准备撞击危险的小行星

给大家举个例子，地球和月球之间的距离为38.4万千米，而小行星带里的小行星之间的平均距离达到了惊人的90多万千米，相当于好几个地月系之间才会有一颗小行星。而探测器不过才几米，所以根本不用担心它们会被小行星撞击，小行星带的空间其实非常广袤。

但如果这些小行星一旦脱离轨道，被太阳的引力所吸引，撞击地球的可能性还是有的，所以地球在宇宙中也并不是十分安全。通过近些年对地球陨石的研究发现，大部分陨石都来自小行星带，它们通常比较大，没有在大气层中燃烧殆尽，最终坠落在地球上。研究陨石的意义非常重大，可以让我们了解小行星的结构和太阳系早期的状况，因为小行星里面保留了太阳系形成初期时的成分。

　　为了减少小行星对地球的威胁，科学家们也在研究一种航天器，试图通过航天器去撞击危险的小行星，迫使它改变运行轨迹，远离地球，消除危险。

　　期待未来的你也能贡献自己的一份力量，去保护地球。

第23节 神秘的柯伊伯带

还记得太阳系最外侧的行星是哪个？没错，是海王星。那么，海王星之外是什么呢？有人可能会说，海王星之外，这是要走出太阳系了吗？当然不是，海王星往外延伸几十亿千米的地方就是神秘的柯伊伯带。

柯伊伯带位于太阳系的海王星轨道之外，黄道面附近天体密集的圆盘状区域。它与小行星带类似，但却比小行星带宽了20多倍，柯伊伯带的天体质量也是小行星带天体质量的上百倍。

在过去的很长一段时间里，大家都觉得海王星的轨道之外是一片空虚，是太阳系的尽头所在。但有很多科学家对这片"空虚"提出了疑问，他们认为，原始太阳星云在这里分布稀疏，不太可能凝聚形成行星，而更有可能凝聚成为无数的小天体。而事实正是如此。

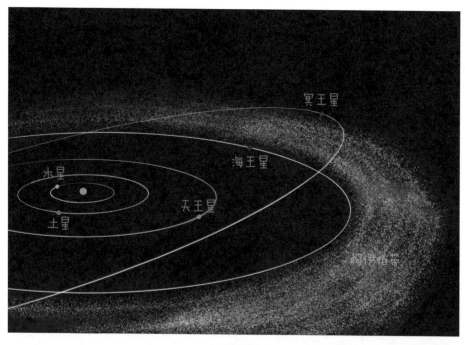

柯伊伯带

　　柯伊伯带布满着大大小小的冰封物体，热闹无比，其中还包含许多小行星，然而即使最大的小行星，其直径也没月球大。

　　自1992年人们找到第一个柯伊伯带天体起，至今已有数千个柯伊伯带天体被发现，这些天体的直径从几百米到数千千米不等。天文学家认为，如今发现的柯伊伯带天体恐怕只是冰山一角，那里的天体数量很有可能超过10亿颗，而直径超过100千米的小行星可能高达35 000颗，这是一个庞大的系统。值得注意的是，柯伊伯带并不是一个薄饼的平面状，而更像是一个甜甜圈环绕在内太阳系周围。

　　那么，问题来了，柯伊伯带天体是怎样形成的呢？它们是太阳系形成时遗留下来的一些团块。约45亿年前，在更接近太阳的地方，有许多这样的团块绕着太阳转动，它们互相碰撞，有的就结合在一起，形成了行星。而在远离太阳的柯伊伯带区，这里的团块处在深度的冰冻之中，就一直原样保存了下来。柯伊伯带天体就是这样的一些遗留物，它们在太阳系刚开始形成的时候就已经在那里了。

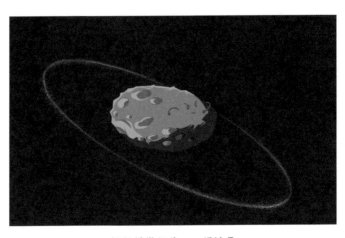

柯伊伯带天体——妊神星

在柯伊伯带里，不会产生恒星或者行星，主要原因有以下两点：一是星际过于广袤，星际物质距离过远，无法继续进行吸积作用，因此便无法再变大；二是柯伊伯带里的氢元素基本被太阳和其他行星瓜分完了，没有氢元素，则无法激发核聚变。

现在科学家们在柯伊伯带里发现了很多小行星和矮行星，这里又有一个新的名词——矮行星。所谓矮行星是围绕太阳运转的，体积比行星要小，但比小行星要大的行星。当然，成为矮行星的前提是必须围绕太阳运动。如果是围绕行星运动的天体，再大也只能称呼其为卫星。比较著名的矮行星有冥王星、鸟神星、妊神星等。

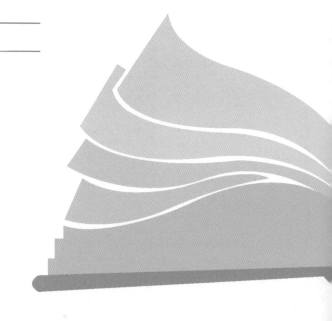

2006 年之前，曾经是太阳第九大行星的冥王星被归类到矮行星的行列，到底发生了什么导致冥王星被从行星行列里开除了呢？我们下节详细讨论。

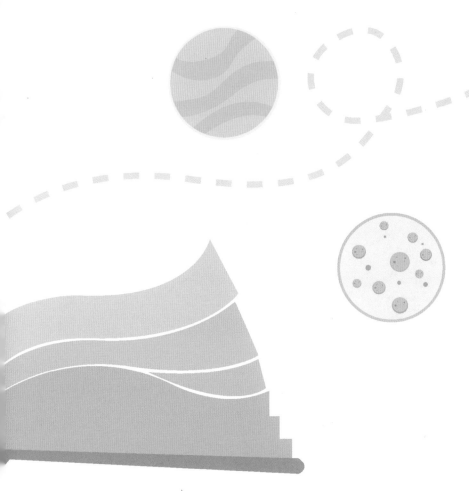

第24节 命运多舛的冥王星

提起冥王星，相信大多数人都听说过它，它曾经是九大行星之一。为什么说曾经呢？因为冥王星现在已经不是行星了。

冥王星于1930年被发现，并被视为太阳的第九大行星，它围绕太阳公转一圈大约需要248年，所以从它被发现到现在，它还没有绕太阳公转一圈呢！

冥王星是太阳系内已知的矮行星中体积第二大的，也是柯伊伯带体积最大的一颗星球。

太阳系

冥王星运转轨道是椭圆形，这意味着，当它处于近日点，距离太阳的距离大约44亿千米，而当它处于远日点，距离太阳的距离可达73亿千米。即使按距太阳的平均距离计算，太阳光也需要5.5小时才能到达冥王星。要知道，太阳光到达地球仅仅需要8分钟。通过这样的对比，你就能知道冥王星到底离太

阳多远了吧？

由于它的椭圆形运行轨道，它还会周期性地进入海王星的轨道内侧，此时的它离太阳的距离比海王星更近了。不过不用担心，它们是不会相撞的。

冥王星不属于气态行星，它是由岩石和冰组成。它的个头也比较小，体积只有月球的1/3。由于冥王星距离太阳太远，能接收到的阳光太少，导致这里的平均温度仅有-229℃。

冥王星的发现与天王星离不开关系，科学家在对天王星运行轨道进行计算时，除了考虑来自海王星的影响，科学家推测还有一个行星在影响天王星的轨道运行。通过不懈的努力，冥王星被发现，并确认了它的公转周期。随着对冥王星观测的不断深入，科学家发现，当时算错了冥王星的质量，一开始以为冥王星的体积比地球还大，结果比月球还小，所以给它定性为行星是不正确的。

科学家经过近30年的进一步观测，发现冥王星的直径只有2376千米。所以到2006年，在第26届国际天文联合会上，天文学家通过投票正式将冥王星划为矮行星，并将其从行星之列除名。

冥王星

至此，当了76年行星的冥王星，因为太小、没有足够的引力清除周围的天体，所以被行星行列开除了。冥王星真是命运多舛啊！

冥王星虽然是一颗矮行星，但也有着自己的卫星，到目前为止，人类观测到冥王星有5颗卫星，最大的卫星是卡戎星。

冥王星有一层薄薄的大气层，主要成分是氮气、甲烷和一氧化碳，从观测来看，冥王星呈现出淡蓝色或蓝灰色。

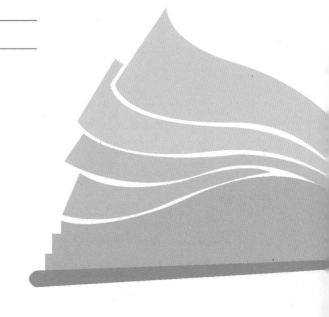

　　人类的"新视野号"探测器经过冥王星，传回的冥王星照片上有一处特别巨大、明亮的区域，这个区域的形状特别像一个爱心，因此它被称作冥王星之心。冥王星之心很可能是一个横跨上千千米的冰原，至于这个冰原的形成原因是什么，还有待于天文学家不断地研究。

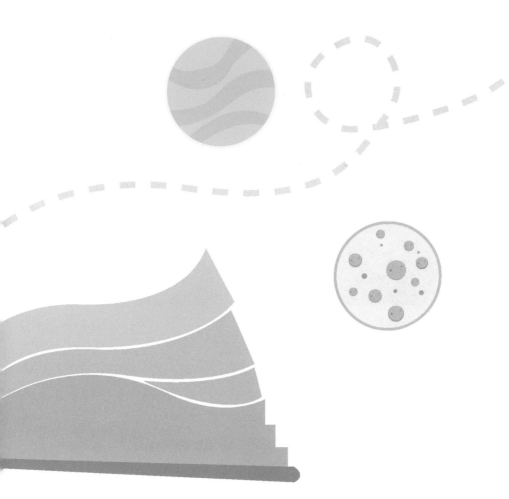

第25节 神奇的扫帚星——彗星

你见过彗星吗？我国古代将彗星称为"扫帚星"，而西方古代则将彗星称作"发星"，这两个名字都很形象地表达出了彗星在人类眼里的形象。在我们人类看来，彗星经过时会拖着一条长长发着光的云雾状尾巴，这个尾巴既像一个长长的扫把，也像女孩子的长头发。

彗星也是太阳系的组成部分，只不过它围绕太阳公转的周期特别长，不容易被人类观测到。

彗星主要由冰和岩石组成，有彗核、彗发和彗尾三部分。

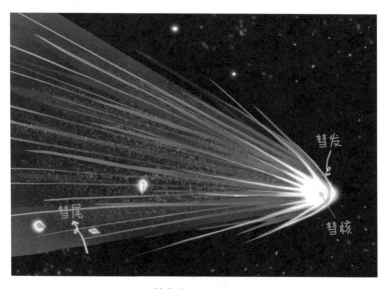

彗星的组成部分

其中彗核是彗星中唯一的固体部分，也是彗星天体最真实、最重要的部分。彗核一般由冰物质、尘埃以及一些岩石颗粒组成，直径也比较小，在几千米到几十千米之间。

彗发围绕在彗核周围，呈云雾状，主要成分是气体和尘埃微粒，一般可蔓延至10万千米宽。

彗尾与彗核、彗发不一样,在远日点的时候是看不到它的,只有在接近太阳时,受到太阳的无情加热,让彗星本来所带有的凝固体蒸发、汽化、膨胀,然后喷发,这才形成了长长的彗尾。彗尾在太空中通常可绵延上亿千米,所以我们在地球上才能看到它。

截至目前,人们已经发现的彗星有1600多颗,但肉眼能看到的却很少,其中最大、最容易观测到的要数哈雷彗星了,它是人类计算出轨道并准确预报回归周期的第一颗彗星。

哈雷彗星是人类首颗有记录的周期彗星,大约每76年光顾地球一次。在中国古代,每一次哈雷彗星来地球都会有记载,只不过当时人们并不知道这是同一颗彗星。

哈雷彗星

哈雷彗星上一次出现在地球上空的时间是1986年，而下一次光顾地球则要到2061年前后。那么，这些彗星是从哪儿来的？又到哪儿去呢？其实这些彗星和其他星体一样，都是围绕太阳做有秩序的轨道运动。

彗星是从哪儿来的呢？还记得本章第23节讲的柯伊伯带吗？柯伊伯带聚集了大量的小行星，有很多的彗星也是来自那里。当彗星经过地球上空时，我们就能够看到，而彗星在绕过太阳之后，又会经历漫长的飞行，回到柯伊伯带。

　　那么，这么大的彗星，会不会撞向地球呢？不用担心，这种情况一般不会发生。首先，彗星距离我们非常遥远，并且都在有序地围绕太阳运转。其次，我们地球有厚厚的大气层，即使有彗星的碎片闯入地球上空，也会与大气层摩擦后燃烧。所以，如果有机会，就安心地在地球上欣赏美丽的彗星吧！

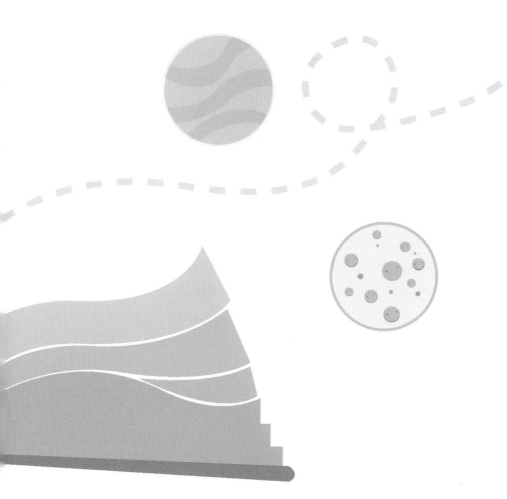

第26节 太阳系的最边缘——奥尔特云

我们知道，海王星之外是庞大的柯伊伯带，那么，柯伊伯带再往外是什么呢？这部分区域还属于太阳系吗？

其实太阳系非常辽阔，太阳到柯伊伯带边缘的距离大概是地球到太阳距离的55倍，这个距离长

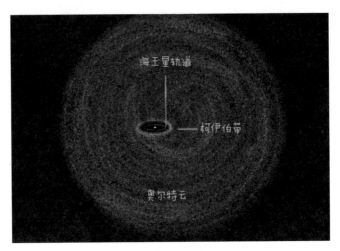

奥尔特云

达80多亿千米。柯伊伯带再往外还有一个半径约数万亿千米的广袤区域，这才是太阳系的最边缘，它的名字叫作奥尔特云。

奥尔特云（Oort Cloud）是一个包围着太阳系的球体云团，里面有不少不活跃的彗星，天文学家普遍认为奥尔特云是约46亿年前形成太阳及其行星的星云的残余物质，并形成了一个圆形的外壳。因为离太阳太远，这里的物质都是冰质的。而且太阳的引力对它们作用不大，来自其他恒星的引力或银河系的潮汐力都会对它们产生作用，所以它的这些小天体的轨道并不稳定。

关于奥尔特云的成因目前尚无定论，流传最广的原因是，在形成之初，奥尔特云物体比柯伊伯带的星体更靠近太阳，但受到行星的引力影响，从而使它们远离太阳系内部，被抛到更远的地方了。

奥尔特云有内奥尔特云和外奥尔特云之分，内奥尔特云有着比柯伊伯带更为细小的彗星和天体，这里也被称为"彗星的故乡"。

外奥尔特云则完全是在星际空间中的，由更加细小的天体组成，外奥尔特云已经处于太阳系的外沿了。通过推测，人们认为经过这几十亿年的变迁，外奥尔特云的物质本应消失殆尽，但现实却并非如此，所以才有了内奥尔特云在不断地补充着外奥尔特云说法的提出。

目前尚未有人类制造的空间探测器抵达奥尔特云。正在离开太阳系的探测器中，行进速度最快、距离最远的旅行者1号，也要在300年后才会到达奥尔特云，而要穿越它更是需要至少上千年的时间。

充满着冰和岩石的奥尔特云

你可能会问，如果按光速计算的话，太阳光大概多久能到达奥尔特云呢？

太阳光从太阳发出，经过8分钟到达地球，再经过4.5小时到达海王星，14小时后阳光穿越了柯伊伯带，又过了12小时太阳光到达了星际空间。即便是这样，太阳光仍然需要10～28天的时间才能到达内奥尔特云，而太阳光从内奥尔特云出发，至少需要1年的时间才能到外奥尔特云的外缘。

所以关于奥尔特云的情况，人们更多的是猜测和假设，通过对彗星的观测和对轨道的计算，推测出奥尔特云的存在和大小。

希望未来科学家能够制造出飞行速度更快的探测器，去奥尔特云这个既广袤又神秘的地方一探究竟！

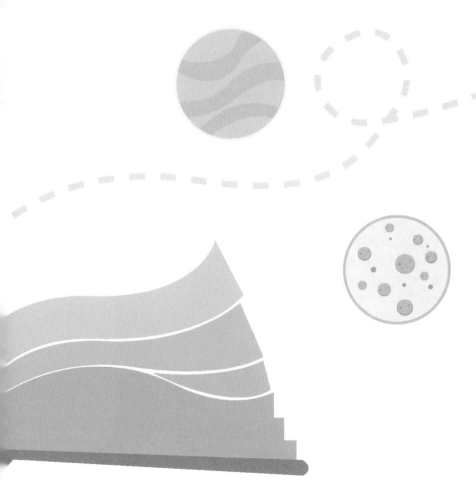

第27节 被大气层包裹着的蓝色家园——地球

太阳系的成员我们基本介绍完了，你有没有发现，八大行星中还有一个非常重要的星球没有介绍，没错，它就是人类赖以生存的家园——地球。

地球是太阳系中唯一一个既有液态水，大气层中又富含氧气的行星，也是目前已知宇宙中唯一存在生命的星球。地球跟其他行星一样，围绕着太阳旋转，每365天转一圈，加上地球的黄道面和赤道面有一个23°5′的夹角，于是产生了四季。而地球的自转，则产生了昼夜。

地球的表面将近71%的面积被水覆盖，而地球上的陆地面积仅占29%。现在地球的平均温度为14℃，这个温度非常适合生命生存。而太阳系的其他几个行星，不是温度太低，就是温度太高，不适合生物生存。

不过，刚诞生的地球，地表温度可达2000℃，那是一个炽热而狂暴的世界。整个星球被无尽的熔岩覆盖，地表流淌着滚烫的岩浆，犹如燃烧的炼狱。

强烈的火山活动频繁爆发，大气中弥漫着各种有毒气体，高温和高压使得地球上的生态环境极端恶劣，毫无生机可言。随着时间的推移，地球逐渐冷却。地

刚诞生的地球

表的岩浆开始凝固，形成了最初的岩石地壳。

在这个过程中，位于地球表面的岩石释放出大量水蒸气，水蒸气上升到天空中形成云。终于，雨水开始倾泻而下，倾盆大雨持续不断，汇聚成了原始海洋。

渐渐地，地球周围形成了大气层，这层气体像外衣一样保护着我们的地球，阻挡了大部分太阳紫外线辐射。而地球磁场的出现有助于阻止大气被太阳风剥离，将大气牢牢地锁在地球的上空。

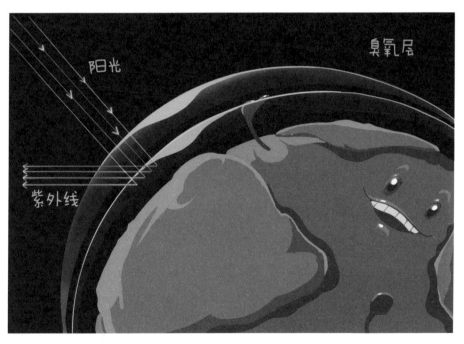

臭氧层吸收太阳有害紫外线

原始海洋中溶解了大量来自地壳和大气的化学物质，形成了一种独特的"汤"。经过无数次偶然的化学组合和反应，这种神秘的"汤"中逐渐出现了构成生命的基本物质。在某个神奇的瞬间，这些物质组合成了具有自我复制能力的分子，生命的萌芽悄然诞生。

最初的生命形式极其简单，可能只是一些单细胞的微生物，但它们却开启了地球生命的伟大征程。

早期的生命形态发展出了光合作用的能力，可直接利用太阳能，向大气中释放氧气。大气中积累的氧气受到太阳发出的紫外线作用，在上层大气形成臭氧，进而出现了臭氧层。臭氧层吸收了太阳发出的有害紫外线，陆地变得适合生命生存，生命开始在陆地上繁衍。

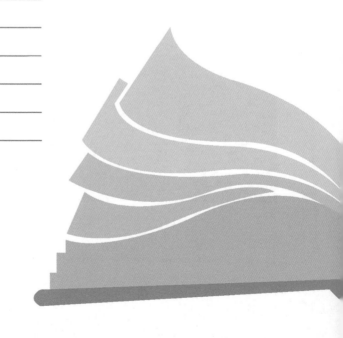

生命在地球这个舞台上不断进化、发展，从简单到复杂，从低级到高级，逐渐形成了丰富多彩的生态系统，在经历了35亿年漫长的演化后，终于出现了人类。

地球的诞生和生命的出现，是宇宙中一场漫长而壮丽的奇迹，每一个阶段都充满了神秘和未知，等待着人类不断去探索和发现。

第28节 地球内部是你想象的样子吗？

你肯定很好奇地球的内部是什么样子，那你有没有想过到地球内部去旅行呢？其实，探索地球内部一直是人类的梦想。如果要到达地球的地心，需要挖掘一口约6378千米的深井。到目前为止，人们在地球表面挖得最深的

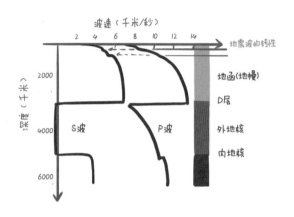

地震波的折射现象

井——科拉超深钻井还不到13千米。如果把地球比作一个苹果，那么人类只挖到了苹果皮厚度的1/20。

虽然我们无法亲自前往地球内部进行探索之旅，但科学家凭借一系列数据已经推断出了地球内部的构造。

1910年，一位地震学家惊奇地发现：地震波在传到地下50千米处，有折射现象发生。他认为发生折射的地带，就是地壳和地壳下面不同物质的分界面。

随后几年，又有另一位地震学家在更深的2900千米处发现了折射，这也就意味着有另一个分界面被探测到了。

后来，根据科学家们的总结，我们的地球内部结构是一层层的，有点像洋葱。你准备好了吗，让我们开启地心之旅吧！

地球的最外层当然是地壳，它是地球的表面层，也是地球上绝大多数生物，其中包括人类赖以生存的地方。地壳的厚度并不均匀，充满了高低起伏和大小不同的板块，整个地壳的平均厚度为17千米。地壳也分层，上层为花岗岩层，岩石密度较低，主要由硅-铝氧化物构成，因而也叫硅铝层；下层由玄武岩或辉长岩类组成，岩石密度较高，主要由硅-镁氧化物构成，因而又称硅镁层。经过科

学家们的探测，这些岩石的年龄远远小于地球的年龄，这说明什么问题呢？这说明在地球形成之初，地壳并不是我们现在看到的这个样子，而是经过了火山喷发或者造山活动才造就了现在年轻的地壳。

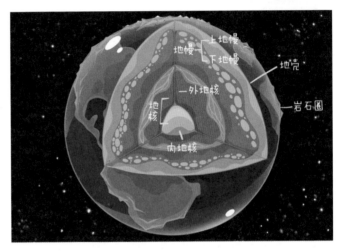

地球结构

穿过地壳，我们即将到达地幔，地幔是地球的中间层，厚度大概 2900 千米，是地球内部体积最大、质量最大的一层。它主要由密度很大的岩石矿物质构成。

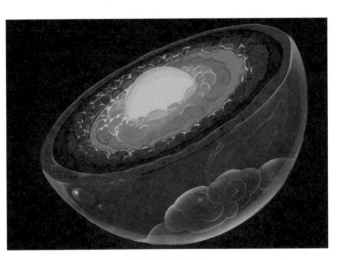

地球的内部构造

跟地壳一样，地幔也分层，一般我们把它分为两层，上地幔和下地幔。上地幔靠近地壳，主要成分是硅酸盐类物质。下地幔靠近地核，主要为硅酸盐类物质，此外还有金属氧化物和硫化物。地幔处在高温高压之下，它的物质可能局部处于熔融状态，也就是由固态变为液态的一个过程，具有一定的可塑性。如同在加工过程中的玻璃，会被加热至熔融状态，以便制作成不同形状的玻璃制品。

穿过厚厚的地幔，我们来到了地球的中心——地核。地核的物质成分主要是铁和镍，铁和镍的质量占整个地球质量的31.5%，平均厚度为3400千米。地核也分为内地核和外地核，一般认为内地核是固态的，而外地核是液态可流动的，所以推测地核就像一台发电机，不断地产生着地球磁场。正是因为这些磁场的出现，才能将地球大气层牢牢地锁在地球的上空，防止被太阳风剥离吹走。

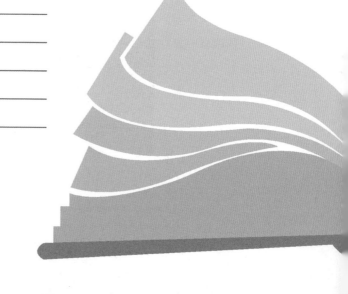

关于地球磁场产生的原因，由于目前勘探能力有限，具体情况我们还不得而知。

第29节 地球为什么会有昼夜和季节变化？

古人认为，地球是宇宙的中心，而太阳及所有天体都在围绕地球运动，所以才有了白天和黑夜的交替。现在我们已经知道，地球就像一个会自转的大圆球，太阳如同明亮的大灯。地球在不停地自转，总有一面能被太阳照亮，这一面就是白天；另一面背向太阳，则藏在阴影里，就成了黑夜。由于地球不停地自转，于是白天和黑夜就像在玩接力赛一样，不停地交替出现。

地球的自转速度，在赤道上是最快的，可达1670千米/时，比飞机还要快得多，问题来了，为什么我们感觉不到呢？这是因为我们本身就是地球运动的参与者，就像坐在飞驰火车上的人，会随着火车一起运动，但我们自己不会感觉是在运动。如果地球突然停止自转了，那么地球上所有物体都被抛到太空。

地球上为什么会有季节的变化？这是因为地球的公转，也就是围绕太阳运动引起的。当然还有一个最重要的原因，地球是斜着身子绕太阳公转的，地球的赤

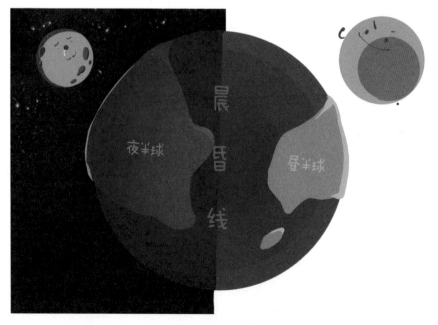

地球上的白天和黑夜

道面和黄道面有一个 23°26′ 的交角，我们叫它黄赤交角。正是因为黄赤交角的存在，使得地球在围绕太阳公转时，太阳的直射点在南回归线和北回归线之间进行周期性变化。

地球上不同纬度地区昼夜长短和太阳高度角的变化使这些地区一日之内接收到的太阳辐射总量发生变化，因而导致季节变化。

相对于南极点来说，当北极点离太阳更近时，太阳直射点位于北半球，此时北半球昼长夜短，太阳高度角较大，为夏半年；南半球昼短夜长，太阳高度角较小，为冬半年；反之亦然。

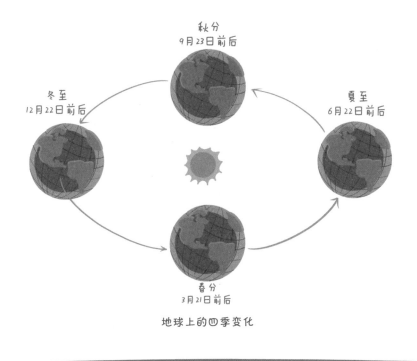

地球上的四季变化

那思考一下，太阳的直射点在南北回归线之间移动，当它直射南回归线的那一天时，北半球是什么节气呢？根据上面所讲，可以推断出，当太阳直射南回归线的那一天，北半球是冬至，昼最短，夜最长，时间大概是每年的 12 月 22 日前后。同理，当太阳直射北回归线的那一天时，北半球又是什么节气呢？这一天，北半球为夏至，昼最长，夜最短。

那春分和秋分是怎么回事呢？那就是太阳直射赤道时的节气啦！

你听说过极昼吗？极昼就是全天24小时都是白天而没有夜晚，是指在南、北半球各自的夏半年中，纬度越高，昼越长，夜越短，在极圈内可能出现全天都是白昼的情形。同样，在南、北半球的冬半年中，纬度越高，昼越短，夜越长，极圈内可能出现全天都是黑夜的情形，我们称为极夜。你知道吗，这种极昼或极夜的现象居然能持续6个月之久，也就是说，极点在经历全是白天的6个月极昼后，将迎来没有太阳的6个月极夜！

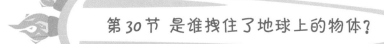

第30节 是谁拽住了地球上的物体？

在我们生活的地球上，物体总是会落向地面。当我们向上跳起，最终会回到地面；熟透的苹果总是从树上掉落地面；水总是从高处向低处流淌。那么，究竟是谁拽住了地球上的物体呢？

牛顿发现万有引力

这背后的神秘力量就是"万有引力"。

300多年前，伟大的科学家牛顿在一棵苹果树下休息时，一个苹果突然从树梢掉落，砸到了他的头。这一看似平常的现象引起了他深深的思考：为什么苹果会垂直下落，而不是飞向其他方向呢？

经过深入的研究和思考，牛顿提出了万有引力定律。简单来说，万有引力是指任何两个物体之间都存在相互吸引的力，这个力的大小与两个物体的质量成正比，与它们之间距离的平方成反比。

正是因为地球具有巨大的质量，所以它能够产生强大的引力，将地球上的一切物体紧紧地拽住。无论是高山、大海，还是微小的尘埃，都无法摆脱地球引力的束缚。

不仅如此，万有引力的作用范围极其广泛。月亮围绕着地球转动，地球又围绕着太阳转动，都是因为万有引力的存在。太阳系中的行星在各自的轨道上有条不紊地运转，正是由于太阳的强大引力在掌控着一切。

万有引力定律的发现，让我们对宇宙的运行规律有了更深刻的认识。它让我们明白，看似平常的现象背后，隐藏着如此奇妙而又伟大的科学原理。虽然我们无法直接看到万有引力，但它却无时无刻不在影响着我们的生活，塑造着我们的世界。

可能你要问，质量差不多的物体为什么没有表现出万有引力呢？比如，两个水杯为什么不互相吸在一起？这是因为普通物体之间的引力太小了，引力并没有体现出来。而像八大行星之间互相的引力，就能让它们能够维持在自己的轨道上运行，不会发生行星相撞的事故。

之前学习木星的时候，我们提到过木星是地球的保护神，它强大的引力和磁场为地球等宜居带行星提供了天然屏障。据统计，木星的小行星撞击频率是地球的3000多倍，如果没有木星，地球不可能安然无恙地存在几十亿年。

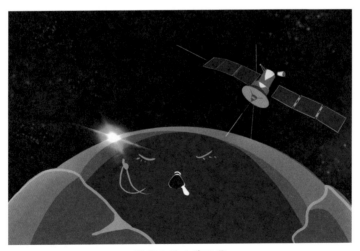

地球上的人造卫星

听到这儿，你可能会有疑惑，既然地球有足够的引力，那为什么飞机可以在天上飞？为什么能发射卫星到太空？卫星可以发射到太空，是因为卫星有助推器给它们的力量，速度非常快，足以抵消地球施加给它们的引力，所以它们到达一定的高度后会围绕地球旋转。

而飞机能飞上天，其中涉及的技术就非常多，比较重要的一点是飞机的燃料燃烧产生助推力，同时飞机上下机翼之间气流的压力不同，这种升力也有助于飞机摆脱万有引力的束缚而冲上蓝天。

同样，地球以每秒30千米的速度围绕太阳做运动，如果没有万有引力，没有地球的引力作用，我们很可能都被抛到外太空了！

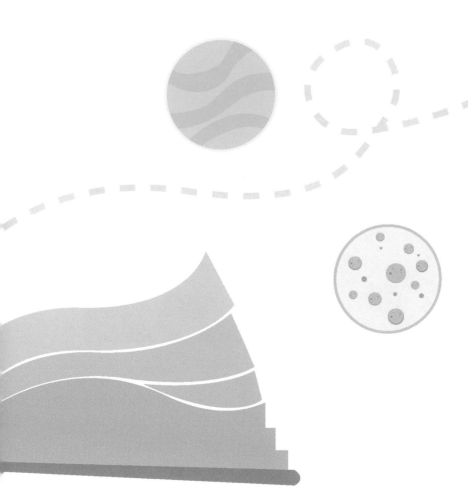

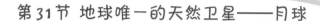

第31节 地球唯一的天然卫星——月球

月球是我们既熟悉又陌生的星球，它是地球唯一的天然卫星，是离我们最近的天体，但我们却很少登陆月球。

月球是人类目前研究最多的天体之一，它的直径约3476千米，质量约为地球的1/80，引力约为地球的1/6，如果你在地球上的体重是30千克，在月球上就只有5千克；你在地球上能跳1米，在月球上你就能跳6米高，这是不是一件超级炫酷的事？月球与地球的平均距离约38万千米，围绕地球的公转、自转周期均为27.3天，所以始终以同一面朝向地球。月球没有大气层，昼夜温差极大，白天，在阳光照射的地方温度高达127℃；夜晚，温度可降低到−183℃。

月球上的环形山

月球与地球一样，是一颗岩石星球，在月球上布满了大大小小的环形山。据统计，月球上超过1000米的环形山就有3万多个，这些坑坑洼洼的环形山大多是由小行星和陨石撞击所形成的。月球被陨石撞击的频率比地球要多得多，它也在默默地守护着地球上的生命。

月球的年龄和地球差不多，地球形成后不久，月球就相伴而生了。目前关于月球的起源最受科学家认可的说法是：在地球形成后不久，有一个大小跟火星差不多的天体撞向了地球，这次巨大的撞击产生了许多的碎片和尘埃，一部分碎片和尘埃由于地球引力的作用落回了地球，而那些被撞飞的气体和尘埃也并没有完全脱离地球的引力控制，通过相互吸积而结合起来，形成几乎熔融的月球，或者这些气体或尘埃先形成一个环，再逐渐吸积形成一个部分熔融的大月球。

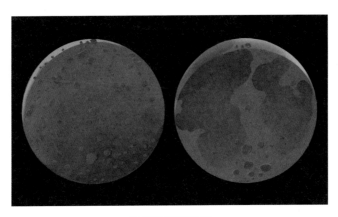

月球背面和正面

月球的自转周期和它的公转周期完全一样，所以在地球上只能看见月球的同一面。如果想了解月球的背面，就必须依靠许多已经发射到月球上的月球车了。人类一直没有停下登月的脚步，想必你一定知道著名的阿波罗登月计划，而我们中国也在2019年把月球车"玉兔二号"成功地送上了月球。

满月的时候，我们会看到一个明晃晃的大圆盘，但实际上，月亮本身是不会发光的，它反射的是太阳光。细心的你也许会发现一个奇特的现象，那就是在天空中，月亮的大小与太阳的大小看起来差不多，但实际上太阳却比月亮大得多得多。这是为什么呢？

这是因为太阳的直径是月球直径的 400 倍，而太阳到地球的距离恰巧是月球到地球距离的 400 倍，这种比例关系导致我们在地球上看到的月亮就跟太阳差不多大了。

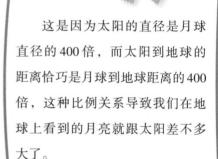

科学家通过在月球上安装的激光反射镜进行测量发现，目前月球正以每年约3.8厘米的速度远离地球，这种远离主要是潮汐力作用的结果。

第32节 月球馈赠地球的礼物——潮汐

你去过海边吧，有没有发现海水在不停地运动？

每一天随着时间的变化，海水会出现涨潮和退潮现象，这是为什么呢？在科学不发达的古代，人们认为要么是海妖在作怪，要么是龙宫里的神仙在施法，其实，这都是不科学的。

地球上的潮汐

通过对万有引力的学习，你可能认为，潮汐是由于地球和月球之间的引力作用引起的，其实答案并不完全正确。地球和月亮的离心力作用只是产生潮汐现象的原因之一，另一个原因则是太阳叠加的引力。

涨潮和退潮合称为潮汐，潮汐是在月球和太阳引力作用下形成的海水周期性涨落现象。潮汐一般每日涨落两次，有时也涨落一次。

月球对地球的海水有吸引力，地球表面不同的地方离月球的远近不同，正对月球的地方海水受到的引力大，离心力小，海水向外膨胀；而背对月球的地方海水受到的引力小，离心力变大，海水在离心力作用下，向背对月球的地方膨胀，也会出现涨潮，这就很好地解释了为什么同一时刻，地球正面和背面相对的地方会同时涨潮。

刚才提到，潮水有时一天会涨落两次，有时涨落一次。为什么会这样呢？这跟潮水的地理位置有关。

　　一个太阳日内出现两次高潮和两次低潮，我们称之为"半日潮型"，我国渤海、东海、黄海的海域多数地点为半日潮型，如我国青岛、厦门等地的海水。太阴日是指月亮接续两次过同一子午圈所需时间，一个太阴日为24小时50分。

　　一个太阴日内只有一次高潮和一次低潮，我们称之为"全日潮型"，我国南海的北部湾地区是世界上典型的全日潮海区。

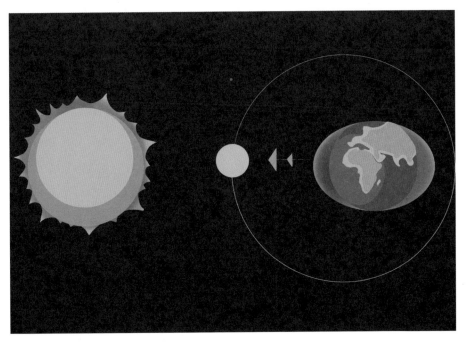

月球引力与太阳引力对地球海洋的影响

如果1个月内，有些天出现两次高潮和两次低潮，而另一些天则出现一次高潮和一次低潮，我们称之为"混合潮型"。我国南海多数海域属于混合潮型。

潮汐现象是月球送给地球的一份礼物，它蕴含着巨大的能量，是一种有规律的可再生资源。所以在对各种海洋能的利用中，潮汐能的利用是最成熟的，现在很多国家都有自己的海上潮汐发电站供居民使用。

月球还有一个有趣的现象，它永远只有一面对着地球，也就是我们在地球上永远看不到月球的另一面。这是为什么呢？没错，是万有引力的作用。

　　万有引力是相互的，月球的引力令地球海洋产生了变化，而地球对月球的引力则导致了月球永远只有一面对着地球，这也叫作潮汐锁定。在月球还没出现之前，地球自转速度非常快，一天只有几小时，月球出现后产生的引力让地球的自转逐渐慢了下来，而地球对月球的引力让月球的自转也慢了下来，月球自转一圈长达27天，而它围绕地球公转的速度恰恰也是27天，因为公转和自转的速度是一样的，看似相对静止了，所以月球就只有一面对着地球了。

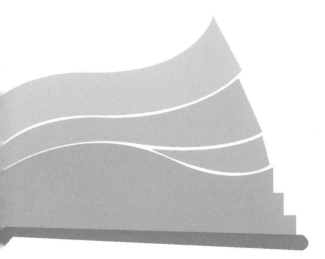